含意命題の探究

～「ならば」のロジックで数学する頭脳を鍛えよう～

知恵の館総裁

米谷達也

覆面の貴講師

数理哲人

現代数学社

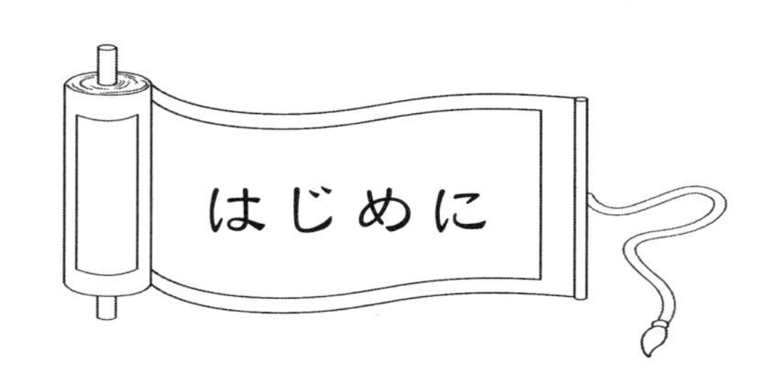

あらゆる学問を学ぶにおいても〈論理〉は，学びの基礎的リテラシーとなっていることは言うまでもありません．歴史的には，学びのリテラシーとされるものは変遷してきました．江戸時代には〈漢文〉が中国との交易において必要であり，明治維新以降は〈英語〉が西洋文明を摂取する上で必要であり，21世紀には〈プログラミング〉がＩＴに対応しＡＩと対話をする上で必要な素養となっていくことでしょう．このように，時代の要請は変われども，根底を支えるリテラシーは〈論理〉であると，私は確信を持っています．異なる世界観や価値観を取り入れて知をアップデートしていくには，ロゴスを通じて行うしかないのです．

翻って現在の学校教育では，論理はどのように取り扱われているのでしょうか．担当する科目は数学であり，該当する単元としては，検定教科書名「数学Ｉ」中の単元名「数と式」項目名「集合と命題」において取り上げられています．とはいえ，その取り扱いの質は，驚くほど貧弱であるという他ないというのが私の評価です．実際，本書のメインテーマとして設定した含意命題「$p \to q$」（p ならば q）について検定教科書で学び，反例・必要・十分・逆・裏・対偶といったテクニカルタームを一通り学んだ高校生たちを対象とする単発の講演の場で，私は次のような質問を発します．

「$p \to q$ の否定は，何ですか？」

私の体感では，この問いに正しく答えられる高校生は，５％もいない，と思います．ひょっとすると，中学・高校の教員でさえも「大丈

夫か？」と心配になる場合があります．「$p \to q$ の否定」という問いに対する，多くの高校生の回答は，

「$q \to p$」（逆と否定の混同）

「$\overline{p} \to \overline{q}$」（裏と否定の混同）

「$p \to \overline{q}$」（あるある，だが全く考えていない？）

といったものです．正解は……ここには記しません．自信のない方は，本書を熟読されるとよいと思います．高等学校で数学を履修して単位を修得して卒業しても，大半の国民はこのような状態です．

こうした状態は，数学が苦手な子たちだけではないか，と考える方もいらっしゃるでしょう．では，成績優秀者層はどうでしょう．学校数学では「問題が解ける」ことがすなわち「数学ができる」ことであると捉えられている節があります．そこそこに問題が解ける高校生であっても，「$p \to q$ の否定」という問いへの回答は上記のようなものが多いものですが，正しく答えられた場合には，次の質問をします．

「ということは，命題としての $p \Rightarrow q$ は，
存在と不存在のいずれを主張していますか」

「命題としての $p \Rightarrow q$ は，全称と存在のいずれですか」

さすがにこの辺りになると，検定教科書の範疇を超えてきますが，こういうことがあやふやな高校生が書く「証明問題への答案」は，何を書いているのかよくわからず，読んで赤ペン指導を入れるのは相当な骨が折れる仕事になります．

こんな反論が聴こえてきそうです．「いや，そんな論理学の専門みたいなことを知らなくたって，他の学問をやるには困らないし，ましてや日常生活は大丈夫だ……」と．本当に，そうでしょうか．たとえば本書の共著者の一方は，私立大学の法学部（複数校）で課外の講義

を担当したことがあります．入試の際に数学を課されることがないままに入学した学生たちですが，法律の条文解釈に入る前の基本的な論理のトレーニングを担当したのです．彼らの大半は，「$p \to q$ の否定」が分からないことはもちろん，「p かつ q の否定」すら怪しい状態にあります．こういう人たちが，難解な法律条文や判例を読みこなすことができるのだろうか，という問題提起です．そういう学生たちの多くが書く文章は，文体だけは裁判所風の言葉遣いをしていましたが，論理的には何を言っているのか，私たちには解読できませんでした．こうした点については10年以上前に問題提起をしたことがありますが，当時の「法学徒」たちにはずいぶんと嫌われたことを懐かしく思い起こします．

以下に，本書〈含意命題の探究〉作成の経緯を記します．本書の前身となる作品は，もともとはロースクール適性試験［推論・分析型］問題対策講座の書籍〈「ならば」の探求〉として，辰已法律研究所より出版されていたものです（2005年）．これを復刻したものが，本書の第１章から第４章までを構成しています．第１章（ロジックの基礎）は，辰已法律研究所における米谷達也講師の講演（主として文系の大学生・社会人向け）を起こしたものです．第５章と第６章は，2017年に私が数学教育の立場から加筆をしたものです．第５章（数学における含意命題）は，高校生向けの数学講義の内容を起こしたものとなっています．結果として，本書の第１章と第５章の説明には重複する部分も含まれておりますが，異なる対象への講演なので，編集にあたり敢えて重複部分も残しておりますことをご承知いただけますと幸いです．

日本で法科大学院が開校したのは2004年度のことでした．新しい専門職大学院ができるというタイミングで，プリパスにて辰已法律研究所の委嘱を受けて〈論理〉をメイン・コンテンツとする大学院入試対策講座を設計することとなりました．老舗の司法試験予備校において，数学教育の専門家が教壇に立つというのは初めてのことでした．通常の大学院入試では，いわゆる理系の大学院入試が，専門科目を課すものですが，法科大学院の法学未修者コースでは，法律学未修の方々へ門戸を開くという趣旨から，法律学そのものの知識を問わないという形で入試が行われることとなっておりました．とは言え，法律家を目指す人たちの適性を入試で見極めなければならないために，大学入試センターによる法科大学院適性試験が行われました．その当時に学習参考書という形で刊行されていた原稿をもとに，今回第４章～第５章を加筆した上で本作品「含意命題の探究」と致しました．

現在は，大学入試センターによる法科大学院適性試験は終了しているため，法科大学院適性試験向けの対策本としての役割をすでに終えている旧版ですが，他方，数学における論理力の養成およびトレーニングの場面では，本書は役割を果たせるものと考えています．本書が，数学教育および数学学習に関わる皆様にとって，有益な情報源となり，今後の「教え」や「学び」に変化が生じることを期待しております．

末筆となりますが，本書の編集にあたり，辰已法律研究所様より旧版制作時のDTPデータをご提供いただくなど，ご協力をいただくことができました．また，現代数学社には本書の普遍的な価値を見いだしていただき，復刻＋加筆により再び世に出させていただくこととなりました．特記して感謝の意を表します．

平成29年12月
覆面の貴講師
数理哲人

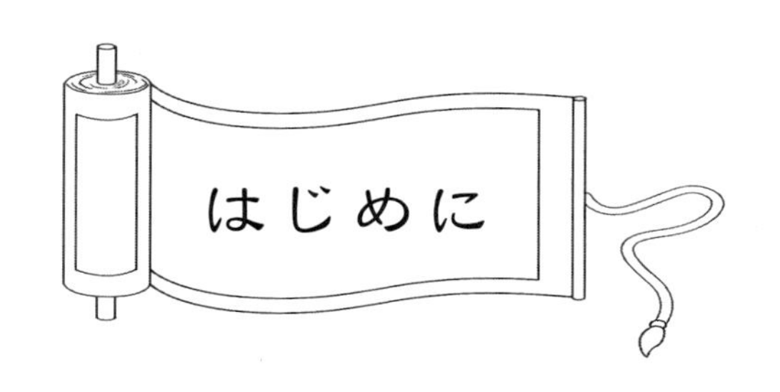

はじめに

2001年６月に『司法制度審議会意見書』が発表され，「法曹養成制度については，21世紀の司法を担うにふさわしい質の法曹を確保するため，司法試験という『点』による選抜ではなく，法学教育，司法試験，司法修習を有機的に連携させた『プロセス』としての法曹養成制度を整備する」と述べてから４年，法科大学院構想は既に具体化しました．そして，法学既修得者・未修者に対して，入学者選抜においては，法律を学習するにふさわしい潜在力を持つかどうかを測定する必要が生じ，米国で行われてきたLSAT（Law School Admission Test）を参考にしつつ，日本の教育事情にふさわしい形での「法科大学院適性試験」が実施されることになりました．2002年には，日弁連法務研究財団は模擬試験を，大学入試センターは試行テストを，それぞれ実施し，翌2003年８月に初年度入試，そして2004年には２年目の入試が実施され，適性試験とはどのような試験であるのか，だんだんとデータの蓄積が出来てきました．

新しい試験制度ができれば，新しい対策講座も生まれます．辰已ではお家芸の＜精緻な分析・入念な準備＞のもとに，「能力開発型・適性試験トレ－ニング講座」を実施してきました．辰已では一貫して＜大学入試センター（DNC）＞と＜日弁連＞両団体の出題意図の分析を正面突破で行ってきました結果，講義／連続模試／全国模試のいずれにおいても，辰已在籍生の皆さんに対して的確な分析を示すことができました．

その「分析」の源流は，2002年5~6月に学者グループによって（公的に）実施された「実験テスト」に遡ります．この試験問題を分析する限り，明らかに「ならば」のロジックの理解が重要であることが浮かび上がってきたのです．辰已の試験対策講座は，特に第一部については「ならば」の理解を軸に進んできたと言えますし，その方向が正しかったことは，過去２年４回（2003年度と2004年度）の本試験および追試験をみてもはっきりしています．

そこで本書では，特に「ならば」の理解に焦点を当てる構成をとり，読者の皆さんをこの最重要（かつ基本的な）項目の理解に誘うことを狙いました．第１章「ロジックの基礎」は，適性試験のロジック理解のための基本ルールを，高校１年生でもわかるレベルから説き起こしています．辰已『適性試験バイブル（2003年度版）』添付のCD-ROM中の解説講義から原稿を起こしました．第２章「適性試験の原点研究」は，上記にも言及しました学者グループ「実験テスト」にみられる「ならば」ロジックにまつわる３題を解説しました．第３章「重要問題の徹底研究」では，辰已の講座や模擬試験にて扱った問題に対し，あらゆる角度から切り込みを入れるような解説を試みました．2004年５月のゴールデンウィーク特訓講座「適性試験3daysスペシャル講座」にて念入りに取り扱った内容を再現しています．そして，第４章「本試験問題の徹底研究」では，過去２年４回の本試験問題から，実際に「ならば」のロジックを用いて解決する問題の例を研究しています．

私は長年，中学生・高校生に対して数学の指導をしてきましたが，若者たちに繰り返し「数学は単なる計算技術のために学ぶものではなく，物事を筋道立てて考えられるように頭脳を鍛え，以て賢明な思考を働かすことの出来る人間になるために学ぶものだ」と述べてきました．そしてこの新制度によって図らずも「法律家の卵」となる皆さんと触れ合うようになり，「ロジック」の使い方について共に考える機会を得られたのですから，誠に喜ばしいことです．

本書が出来上がる頃には第３期受験生の皆さんに向けての「適性試験トレーニング講座」が仕上げの段階に入ってくることと思います．過去問の蓄積を踏まえ，講座内容をさらにブラッシュアップしていることと思われますが，講座とは異なる形で念入りに「ならば」に焦点を絞った本書は，初期の対策講座の一里塚として記録に残す意味のあるものではないかと考えています．

法科大学院の入試というのは，あらゆる学部出身者が同じ土俵に立つ，法律科目に限定されない「知の総力戦」です．大学院に身を置いて，本格的に法律を学ぼうという気概のある方にとっては，従来よりも開かれた制度になったと言えましょう．新・法曹養成課程の「プロセスによる選抜」の第一歩が，この「適性試験」です．本書をきっかけにロジックに目覚めていただき，後の法律の学習にも活かしていただくことができれば，素晴らしいことだと思います．

平成17年 (2005年) 5月
辰已法律研究所講師
米谷達也

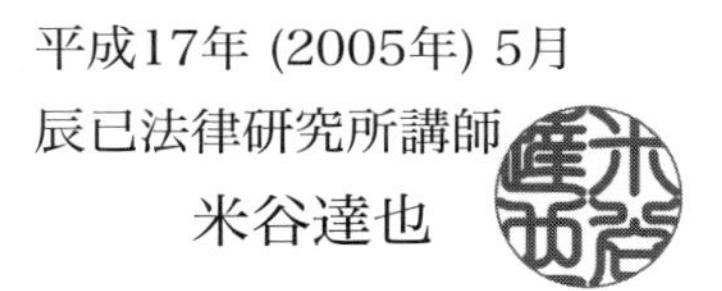

辰已法律研究所において発刊した本書の旧版（第１章〜第４章）に寄せた「はじめに」を復刻掲載しています．

含意命題の探究
～「ならば」のロジックで 数学する頭脳を鍛えよう～

Chance favors the prepared mind.
by Louis Pasteur

パスツールのことば

チャンスは準備のある心に舞い降りる

第１章

ロジックの基礎

1―1　条件と命題

まず，「条件」と「命題」から話を始めましょう．何となく似たようなイメージの言葉だと思いますが，まずこの違いを理解して下さい．

x という数があります．そして，「x は0より大きい（ $x>0$ ）」という主張があったとしましょう．この主張は，正しいのか，間違っているのか，どうでしょう．これは数学の先生が言っているから正しいのかな，とかそういう人の権威によって真偽が決まるものではありません．ここに書いてある主張だけを見て，正しいのか間違っているのかを考えて下さい．$x>0$ については，正しいとも正しくないとも，現時点では「わからない」としか言いようがない．「x は0より大きいんだ」と，どんなにに大きな声で言っても正しいか正しくないかわからなくて，それが決まるのは x という文字（数の入れ物）に数字を代入してみたときに初めて決まります．1を入れると正しい（$1>0$）とか，-5 を入れると正しくない（$-5>0$），0を入れると（$0>0$）これはきわどいけど正しくないですよね．このように数字を入れると正しいか正しくないかが決まってくる．でも，主張されたママであれば，正しいかどうかは決まらない．このような主張を「条件」というのです．条件（ condition ）とは，「変数を含む主張」です．変数とは，「変動する数」「値が変わる数」であり，文字で代表されていて，変数のとる値は，あるいは代入される値は変化しうる．
「変数を含む主張で，値が決まるとそれに応じて正しいか間違っているか，真偽が決まるような主張」のことを，「条件」と言います．ここでは x は0より大きいと言ったけども，それ以外にも条件になりうる例をあげてみましょう．「明日天気がよければ〜云々」という文があったときに，ここでは「明日の天気」というのが変数に相当する．（天気が）「よい」とか「よくない」というのが，天気という変数のとる「値」です．ただ，天気の場合，いざ明日の天気を観測してみたときに，これを天気が「よい」というのか「よくない」というのか，客観的な線引きができないという問題が出てきますね．論理学的に「条件」という場合は，変数に値が入ったとき，本当に真か偽かが客観的に決まらなくてはいけないのです．

けれども，（適性試験などのような場面の）試験問題でロジックの問題とかやり始めると「天気がよい」とか，「足が速い」とかいう表現が，条件の表示として出てきます．では，「x さんは足が速い」というとき，いったい秒速何m以上なら「速い」というのだろうか，といった判断がつかない．けれども例えば，「足が速い人はみんな何とかである」といった文が実際に出てきてしまうときに，「足が速いかどうかわからないじゃないか」と言い始めると問題が解けなくなってしまうので，そこにはお約束があります．一見して条件かのように書かれている文は現実にちょっと不自然であっても，真が偽かが少なくとも客観的に判断できるようなものが出題されているのだというお約束です．そういう「お約束」を了解しながら進めていきましょう．

いま，条件の話をしているところでした．変数を含む主張では真・偽が未確定なのだけれど，変数の値が決まると真・偽も確定する．それに対して「命題」（ proposition ）というのは，その文（主張）自体において真か偽かが決まっている主張．内在的に決まっていると言ってもよいでしょう．例えば数学のネタで言うと，「$\sqrt{2}$ は無理数である」とかね．いまはその内容には立ち入りませんが，事実として正しい．証明ができるようなこと，これが命題．これは変数が入っていませんね．「$\sqrt{2}$ は無理数である」と事実として主張しているけど，他に，変数が入っている命題というものを考えることだってできる．例えば「x^2 が０より小さくなるような実数 x がある」という場合．このような実数 x は，実際にはないですね．変数 x に-1とか入れると，これは２乗して＋１になっちゃうし．正の数を入れても２乗すればプラスだし，０を入れても成り立たない．そのようなものが「ある」と主張するときに，実際にはないわけだから，これは間違っている．その文自体が間違っているということが判断できる．それは「偽の命題」といいます．実は一部の問題では関わってくるのですが，x^2 が０より小さい，ここだけを見ると条件なんですね．そのようなものがあるとかないとかいう叙述が入ると，全体としてはその真偽が決まってしまうから，これはもう命題．それは偽であることがわかっている．

1—2 条件と真理集合

■ 条件と集合

「条件」を p，q，……で，

「集合」(条件を満たす要素の全体) を P，Q……で表す。

■ 集合の包含／ベン図

集合たちの間の包含関係を　$P \subseteq Q$　などと表す。

理解を助けるため，ベン図によって視覚化する。

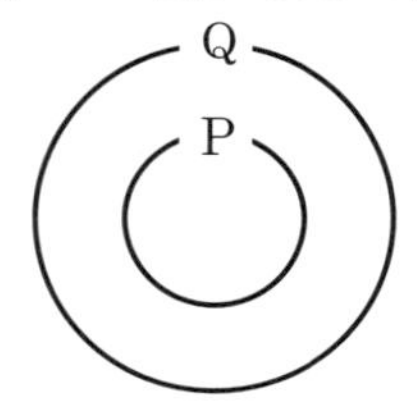

次の話に進みましょう．繰り返しになりますが，条件というのは「変数を含む主張で，値が決まるとそれに応じて正しいか間違っているか，真偽が決まるような主張」でした．条件というのは真になるときと偽になるときがあって，その真偽が変わる元になる (原因となる) 変数 x を用いて「条件 $p(x)$ 」などと書きます．変数 x を明示した書き方ですね．p というのはその条件文そのものにつけた名前です．今後，「真」とか「偽」とか繰り返し漢字で書くと疲れるから真は True，偽は Falseの頭文字であるTとFを使います．後に出てくる真偽表でTとかFとかで書かれているのはTrueと FalseのT，Fです．この表を全部漢字で埋めるのを想像するとぞっとしますよね．

さて，変数 x のとる値はいろいろあるのであって，条件文が真になる x たちというのと，偽になる x たちというのがあるわけです．そこで，「真となる x たちを集めたもの」を「真理集合」といい，P と大文字で書きます．この講義と教材の中で条件は小文字 p，集合は大文字 P というように区別をして説明します．ただし，実際のところは問題を解くのにその辺の区別があいまいになっていたとしても，（問題を解くだけの場面であれば）実害はあまりありません．ものをきっちり考えたい人もいるでしょうから，ここでは大文字・小文字をそのように区別することにします．

そうすると例えば，p という条件として東京都在住という条件（ある人が東京に住んでいるかいないかという条件），それからもう1個の条件 q は，日本国の領土に住んでいるという条件があったとしましょう．この関係を図に書くことができて，ベン図というのを使うと，P「東京都に住んでいる人の集合」というのは Q「日本国に住んでいる人の集合」に含まれる一部をつくりますよね．このような関係になっている．そうすると東京都在住，日本国在住というこのような条件は，「ある人 x さんが東京都に住んでいる」と言うのが正確な表記なのだけど，全部正確にやっていると煩わしいので多少ぼやかします．

$p(x)$ ： x さんが東京都に住んでいる

$q(x)$ ： x さんが日本国に住んでいる

p と q という条件があったらそれぞれそのことが真となる人達というのが実際にいます．条件 p に関しては東京都民（1千何百万人という人たち）がいる．

P ＝東京都に住んでいる人たちの集合

Q ＝日本国に住んでいる人たちの集合

集合として書くとこの関係になって，P が Q の中に全部入りこんでいるから記号としては次のように書く．

$$P \subseteq Q$$

これは P と Q が等しい場合も含めるということで下に棒を付けて書いてあります．言葉としては「P は Q の部分集合」という言い方をして，記号としては $P \subseteq Q$ という記号を使い，それを条件の関係としては「p ならば必ず q だ」という．

$$p \Rightarrow q$$

つまり東京都に住んでいる人は必ず日本国に住んでいるという条件を満たしているわけですが，日本国に住んでいる人が東京都に住んでいるのかどうか，q のとき p になるかどうかは何ともわからない．という意味で p に属するものは必ず q に属する．属するというときは集合に対して属するという言葉を使います．x はP に属するというときは

$$x \in P$$

こう書くのです．とにかく p であるものはすべて q であるけど，q であるものは p になっているとは限らない．集合は「属す／属さない」と言うし，条件と条件の関係を表す場合は「満たす／満たなさない」，条件で属するというのは何か妙ですよね．集合は「属する」，条件は「満たす」という．このとき p を満たすものはすべて q を満たすという意味で「p ならば q 」と書き，これは多くの人が了解しているところの「ならば」という言葉の用法なのです．これは後で説明するところでいう，ならばの「その２」にあたります．２つあると先に言っておかないと話が混乱するので．これは p であるものはすべて q を満たす．東京都に住んでいるならその人は日本国に住んでいると言ってよい，というのは普通に了解できますね．

1—3 かつ・または・否定

■ かつ／または

「p かつ q」は，p，q をともに満たす。記号は $p \wedge q$

「p または q」は，p，q の少なくとも一方を満たす。記号は $p \vee q$

集合では $\mathrm{P} \cap \mathrm{Q}$（積集合），$\mathrm{P} \cup \mathrm{Q}$（和集合）と表記。

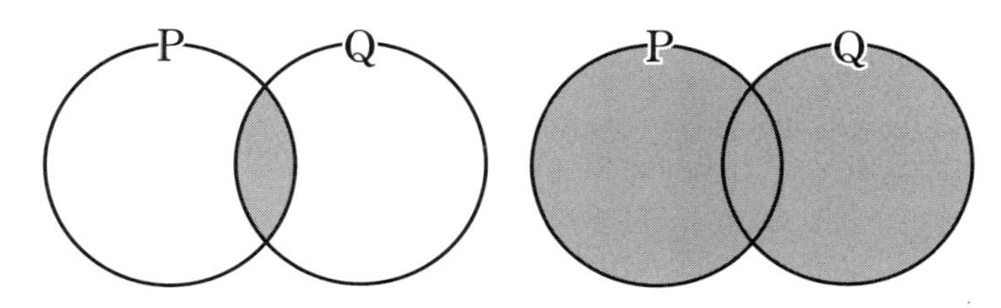

■ 否定／補集合

条件 p の否定を $\overline{p}$ と書く。

集合Pの（全体集合Uにともなう）補集合 $\overline{\mathrm{P}}$ と書く。

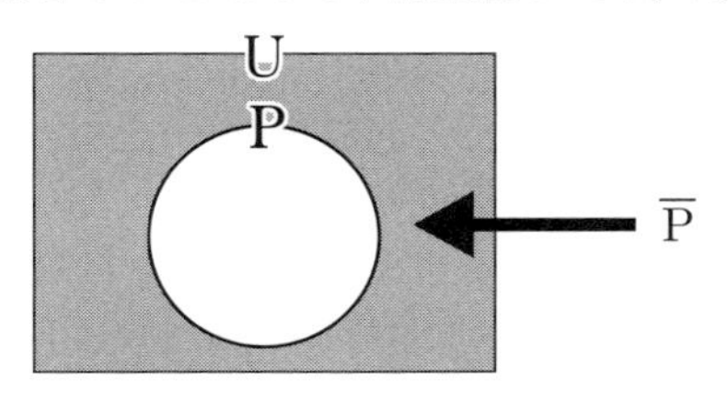

次に「かつ」，「または」の話に進みます．条件として

$$p \wedge q \quad (p \text{ かつ } q)$$

と使うときと，集合に関しては

$$\mathrm{P} \cap \mathrm{Q}$$

こう書きます．「または」のほうも，条件に関して

$p \vee q$ （p または q）

と書いたり，集合に関しては

P∪Q

と書きます．これも普通の日常の言葉づかいと比較してみましょう．P∩Q というときは普通は，ＰとＱの両方の性質を兼ね備えている．一方だけではだめですよ．「誰々さんは背が高く，かつ，視力がよい」という言い方があったときに，「かつ」と言うからには，背が高いという性質と視力がよいという性質の両方を備えているわけですね．

では，「または」はどうでしょう．「誰々さんは背が高いか，または，視力がいいね」などという不自然な会話はあり得ないわけですから，日常の中であり得そうな「または」の例を考えましょう．レストランに行きました．料理を注文しました．セットを頼んだら，お姉さんに「食後にコーヒー，または，紅茶が付きますが（どちらを飲まれますか）？」と聞かれる．そこでは「コーヒーか紅茶を一方選択せよ」という意味で使っている．そのように「または」という言葉を了解してしまうと，形式論理における $p \vee q$ （p または q）とは，実は違うものになっています．ここでは，

p ：コーヒーを飲む

q ：紅茶を飲む

と記号にしたうえで，日常語としての「p または q」を考えてみると，これは「p だけ」である場合と「q だけ」である場合を意味していますね．つまりコーヒーだけか紅茶だけを飲むか，というケースを想定していると考えられます．それ以外に「コーヒーと紅茶を両方飲ませろ」ということを言いますと，「あの～，お客様．コーヒーか紅茶をどちらになさいま

しょうか，と聞いておるのでございますが」という話になって，話が噛み合わなくなってしまいます．ウエイトレスのお姉さんは「一方のみを選択せよ」という意味で「または」を使っているのだが，形式論理では「2つの条件 p と q の少なくとも一方を満たしているもの」という意味で使われ，別に p と q の両方を満たすものも，「または」という言葉の意味の射程内に含めて使っています．「または」という言葉の使い方が日常語とちょっと違っている．でも英語の or だと Dead or alive．生か死か，生きるか死ぬかというときには，生きるか死ぬか両方なんてことがそもそも想定されてなくて，生きるか死ぬかどっちか選べという意味で or を使っていますね．結局 or の使い方には「どっちかを究極に選択せよ」という意味で使っている日常の使い道と，「少なくとも一方を満たすもの」という2つの使い方がある．

日常語の（ p または q ）＝（ p だけの場合と q だけの場合)

形式論理の（ $p \vee q$ ）＝（ p , q の少くとも一方を満たしている場合)

テクニカルタームとしては，前者の方を「排他的選言」，後者の方を「両立的選言」と呼んで区別することもあります．ここで学んでいる形式論理の世界では，特に断りのない限り，「または」は「両立的選言」すなわち「少なくとも一方を満たしている場合」を指すということを確認しておきましょう．

次の章では「真偽表」に話を進めたいのですが，その前に「否定」について確認しておく必要があります．条件 p に対して，「p でない」という条件を考える必要があります．「p でない」を「p の否定」と言い，記号では $\overline{p}$ と書き，p バーと読みます．そして，否定した条件の真理集合を考えるためには，全体が何者であるのかということをきちんと押さえておく必要があります．全体集合のことを U とよく書きます．宇宙（Universe）とか，全体という意味で U と書くのです．条件には「否定」という言葉を使う．条件 p の否定，条件小文字の p バー，集合の場合は，集合の否定とは言わないで集合の「補集合」という．$\overline{P}$ （P バー）と書きます．

補集合や否定を考えるときは，実は全体を明らかにしておく必要があります．全体が明確になったときに初めて P でないもの（補集合）が明確になる．例えば条件としては，$p(x)$ ：眼鏡をかけている，という条件があったとき，眼鏡をかけていないというのが $p(x)$ の否定になりますね．その適応範囲として x に人名を代入します．x ＝米谷なら，米谷は眼鏡をかけていないので，条件 p は満たさない．P という集合には属さない．では，そこの犬はどうだ，犬だって眼鏡をかけていないじゃないか，そこのありさんはどうだと言い出すと，際限なく広がってしまうから，常識として，全体集合 U として「人間の全体」を想定したり，場合によっては「この部屋の人たち」というのを想定したり，何らかのそこで想定される全体というものを意識する．それは必ず明らかにされるとは限らなくて，常識に任されることも多いのです．そこは常識で読み取る必要がある．全体があっての補集合が特定できることになります．ということで，「否定」と「補集合」については，この辺にして，次に真偽表の話にいきましょう．

1—4 真偽表

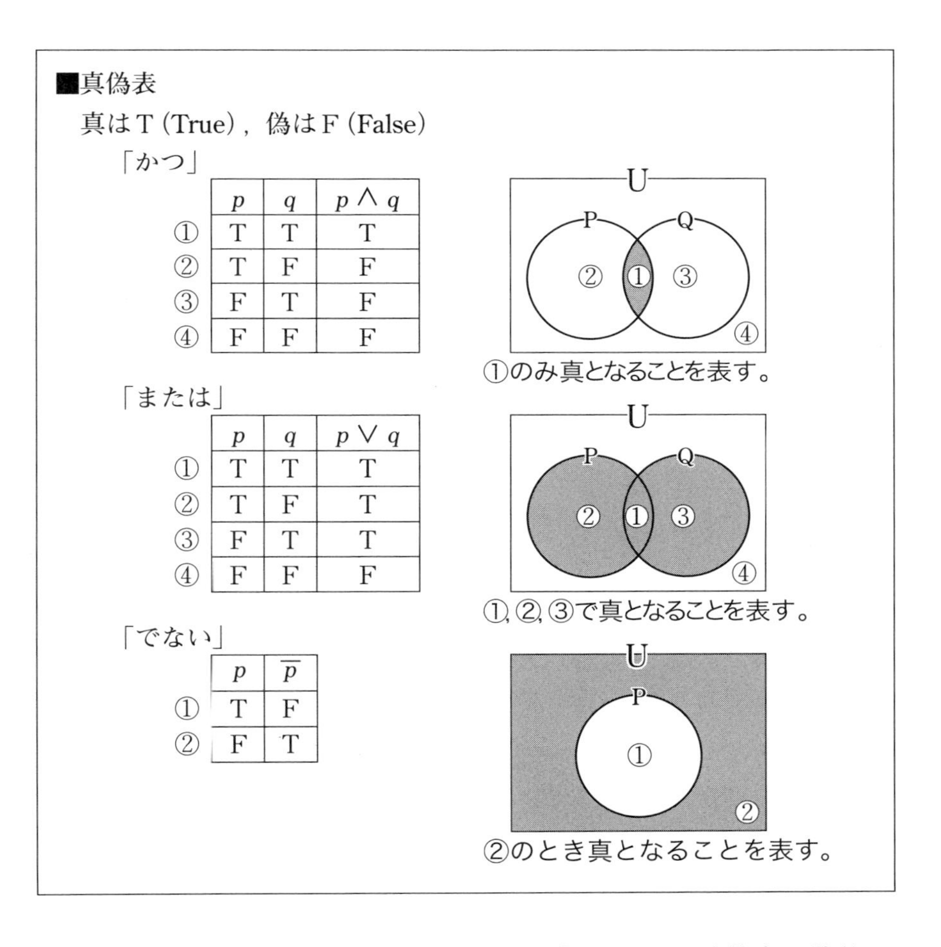

■真偽表

真はT (True)，偽はF (False)

「かつ」

	p	q	$p \wedge q$
①	T	T	T
②	T	F	F
③	F	T	F
④	F	F	F

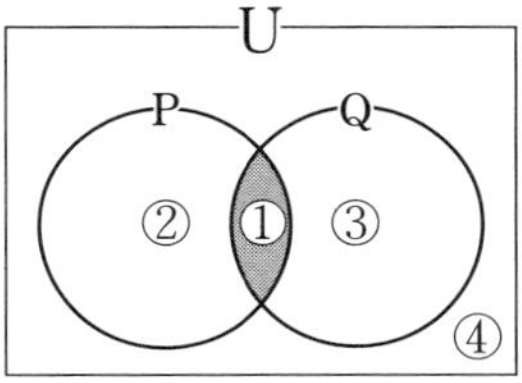

①のみ真となることを表す。

「または」

	p	q	$p \vee q$
①	T	T	T
②	T	F	T
③	F	T	T
④	F	F	F

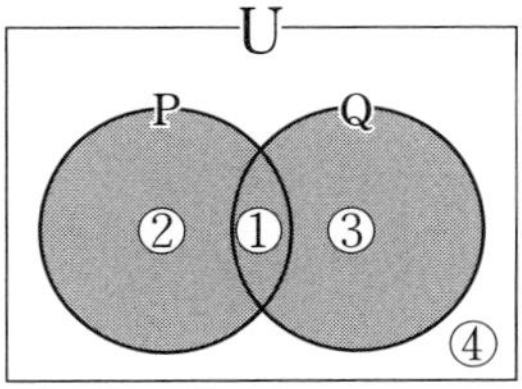

①, ②, ③で真となることを表す。

「でない」

	p	$\overline{p}$
①	T	F
②	F	T

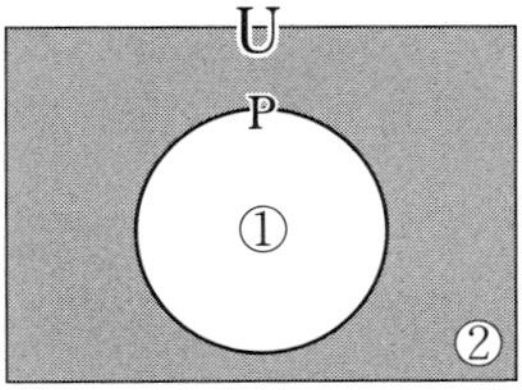

②のとき真となることを表す。

真偽表の話にいきます．先ほどの「かつ」「または」を真偽表で説明しますと，そもそも p と q という２つの条件があったときに，ある x というのが p を満たすのか満たさないのか，ということの想定される組み合わせは何通りあるのかというと，p を満たす／満たさないで２通り．p を満

たす場合に対して q を満たす／満たさないの２つがある．p を満たさない方に対しても，q を満たす／満たさないの２通りがある．言葉で言うと長いのだけれど，要するに満たす／満たさないが独立に（勝手に）組み合わさるから２×２で４通りということ．その４通りというのはこのベン図にも表れていて，p，q の両方を満たすものを①番，p だけを満たし q を満たさないものは②番，p を満たさず q だけを満たすものが③番，p も q も満たさないものは④番．この①，②，③，④というのがまさにいま述べた４通りを表していますね．この４通りはベン図では①，②，③，④と表されますが，それは別の表現もできて，それを表で書きましょう．p，q というものを満たすか満たさないかということを，その真下にＴ（満たすとき真＝True）とかＦ（満たさないとき偽＝False）とか書くことにします．p が真になるもの，q が真になるもの，の場合はＴＴと書きます．ＴＴというのはベン図でいう①番に対応します．p は満たすものの q は満たさない場合は，ＴＦと書くのが②番．p は満たさないものの q は満たす場合は，ＦＴと書くのが③番．p も q も満たさない場合は，ＦＦと書いてこれが④番．こうなります．そのときに「p かつ q」というものもひとつの条件なんですね．p だけを見たら条件，q だけを見ても条件，「p かつ q」と結びつけたものも条件．そこで，ある x が条件「p かつ q」を満たすか満たさないかを判別する基準を決めておきます．例えば全体集合 U がこの部屋の人たち．p は男性であるという条件，q は眼鏡をかけているという条件．そうすると p かつq（＝男性でありかつ眼鏡をかけている）という条件を自分に対してあてはめて，みなさん自分が真か偽かわかりますよね．このように男性でありかつ眼鏡をかけているというその文も，自分をあてはめてみたら真か偽かわかる．例えば僕だったらどうか．条件 p 男性である，これは真である．条件 q 眼鏡をかけている，これは偽である．男性でありかつ眼鏡をかけているという条件に，x＝米谷を代入したら真か偽かというと偽である．男性なんだけど眼鏡かけてないのだから．米谷は

②番に入っているんだけど，偽である．こういうときに男性でありかつ眼鏡をかけているということの真偽について，各々の条件を分けて分析したけど，みなさんは男性であり眼鏡をかけているという条件を自分が満たすか満たさないかは一瞬でわかりますよね，そんなことはね．一瞬でわかるようなことを分解してやるのが真偽表で，それは「男性でありかつ眼鏡をかけている」ぐらいの話なら一瞬でわかるんだけど，少々複雑な，くちゃくちゃした話になってくるとどうも一瞬ではわからない．そういうときに，どうやって分析するかというと自分の生活観で自分が男性で眼鏡をかけている，あてはめてすぐわかるような自分の経験にめちゃくちゃ近い引き寄せたとことでは簡単に判断できるんだけど，それをちょっと抽象化されるとわからなくなっちゃうわけですよ．その抽象化されてわからなくなっちゃったものを腕ずくで分析する方法というのが真偽表です．結局「男性でありかつ眼鏡をかけている」という条件「p かつ q」においては，両方Ｔである人だけが True だ．どちらか一方だけがあてはまっている人はＦだ．どちらもあてはまっていない人もＦだ．これが p かつ q の真偽表となります．

「または」の方の真偽表もどうなるかと言うと，今度も p ：男性である，q ：眼鏡をかけている，として，条件「 p または q 」に自分があてはまっているだろうか．これもみなさんすぐに判断できますよね．実際，男性でかつ眼鏡をかけていない米谷の場合，「両立的選言」である「p または q 」にはあてはまっていると判断していいわけで，Ｔですね．あてはまっている（Trueになる）のが①番，②番，③番です．④番だけが偽になる．

真偽表の埋め方としては，「または」の場合は p か q の少なくとも一方にＴがあれば Ｔにし，④番のＦＦだけＦにすればよい．「かつ」の場合には，①番のＴＴだけＴにして他はＦにする．このような作業を無心に機械的にやるということを後で一部の問題でやってみます．それは真偽表を使わなければ解けないかというとそんなことはなくて，中身を自分で頭の中に想像力を働かせながらやっていけば，別に表によらなくても真偽を判断できます．いま，男性でありかつ眼鏡をかけている，というのは表なんかに頼らなくてもみんな自分が満たされるかどうかすぐに判断がついたわけで，簡単なことに関しては真偽表を使う必要もない．だけど，ぐしゃぐしゃしてきたときに，自分の頭の中で処理するのに耐えられなくなってきたときに，表にして書き出して機械的な作業をして淡々とやっていけばいずれは決着がつく．こういう意味ですごく愚直な方法．ダサいかもしれない，ダサくて愚直な方法なんだけど，でも，ちみちみ作業すれば真か偽かが判断できる．ベン図とかで解けたほうが早く解けたり，わかったって感じがすごくするかもしれないけれど，そううまくはいかない問題がある．

次は，否定「でない」の真偽表．これは実に単純．p がT（True）のとき「p でない」がF（False）になる．p がF（False）のときには「p でない」がT（True）になる．単に入れ替わるだけ．

あと真偽表でやってることは実は①，②，③，④と書いて，考えうるすべての可能性について検討をつくすということね．考えうるすべての可能性を愚直に検討つくす．ある意味頭のいい人，きれる人にとっては真偽表は必要ないかも知れない．でも，複雑な問題でベン図を使うのは危険．頭のよい人ほど，その危険さを知っていて，一見して愚直に思える真偽表を使ったりするものなのです．

1—5 ド・モルガンの法則

■ド・モルガンの法則

$(\overline{p \wedge q}) = (\overline{p} \vee \overline{q})$ ……(甲)

	p	q	$p \wedge q$	$\overline{p \wedge q}$	$\overline{p}$	$\overline{q}$	$\overline{p} \vee \overline{q}$
①	T	T	T	F	F	F	F
②	T	F	F	T	F	T	T
③	F	T	F	T	T	F	T
④	F	F	F	T	T	T	T

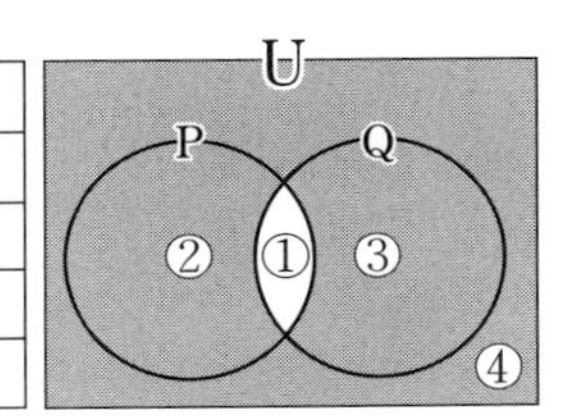

甲の左辺,右辺ともに②,③,④で真となることを確認している真偽表

$(\overline{p \vee q}) = (\overline{p} \wedge \overline{q})$ ……(乙)

	p	q	$p \vee q$	$\overline{p \vee q}$	$\overline{p}$	$\overline{q}$	$\overline{p} \wedge \overline{q}$
①	T	T	T	F	F	F	F
②	T	F	T	F	F	T	F
③	F	T	T	F	T	F	F
④	F	F	F	T	T	T	T

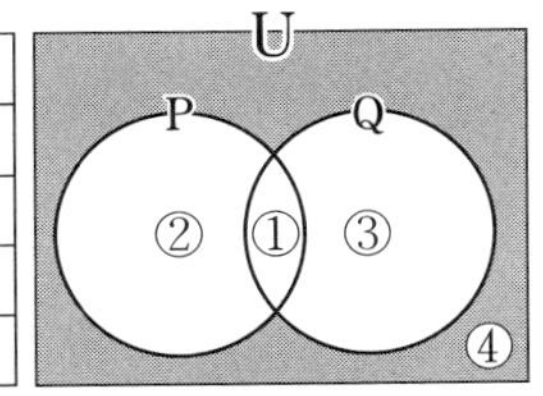

乙の左辺,右辺ともに④のみ真となることを確認している真偽表

真偽表の次はド・モルガンの法則．これは基本的な公式といってよいものなのです．もちろん実感が持てるように説明しましょう．一旦理解できたら，機械的に，すぐに使いこなせます．条件として「p かつ q」とか「p または q」とかいうものがあって，その否定をどう考えるのか，という問題です．ここでも p と q は，

p ：男性である

q ：眼鏡をかけている

ということでいきましょうか．条件「男性であり，かつ，眼鏡でかけている」を否定してできる条件に自分はあてはまるか，あてはまらないか．私（米谷）はどうだろう．私は男性であり眼鏡はかけていない．ということは「男性でありかつ眼鏡をかけている」，「p かつ q 」には自分があてはまっていないですよね．私はあてはまっていない．ということはその否定にはあてはまる．私の場合は p なんだけど q じゃない．p でありかつ q じゃない．私はあてはまっている．そこで皆さんそれぞれ自分があてはまるかどうかを考えて下さい．この中に男性も女性もいる．眼鏡をかけている人もいない人もいる．４通りの人がみんないると，そういうときにその４通りのいったいどの人が「p かつ q の否定」を満たし，どの人は満たしてないのだろうということを考えましょう．

今ここにある「p かつq 」の真偽表から作ってみよう．p かつ q ではない，というのをつくってみる．否定をするとＴＦが機械的に入れ替わりますから，①番がF，②，③，④がＴＴＴ，ＦＴＴＴとなるわけ．つまり「（ p かつ q ）でない」というのは「（男性でありかつ眼鏡をかけている）のではない」人．①番の人，①番というのは実際に男性でしかも眼鏡をかけている人．①番の人たちは「p かつ q 」が真（T）だったんだけど，その否定においては偽（F）になる．②番から④番に属する人は「p かつ q 」が偽（F）だったので，その否定においては真（T）になる．

これを言い換えたらどうなるか．まず「男性であり，かつ，眼鏡をかけている」の否定は何かなというと，それが成り立つのは「男性でない人か，または，眼鏡をかけていない人」だ．言葉として自然に言い換えられますよね．それは「p でないかまたは q でない人」だと書き直されるわけです．今のように言葉で了解できたという人はそれでＯＫだし，もっと理詰めで考えたいという場合こういうこともできるね．

真偽表をいじってみよう．今度①番から④番をそのまま残して，「p でない」と「q でない」という条件の真偽を作ってみよう．「p でない」についてはどうか．p は（上から順に）ＴＴＦＦ，「p でない」はこれらをひっくり返して，（上から順に）ＦＦＴＴになるわけね．それから q のほうの真偽は（上から順に）ＴＦＴＦ．「q でない」はひっくり返してＦＴＦＴですね．今「p でない，または，q でない」というのを検討しましょう．今，真偽を検討した「p でない」「q でない」に対して，これらを「または」で結ぶ．「または」というのはどっちかが True のときにはＴになる．両方ともＦのときだけＦになる．というのが「または」の真偽ですね．その結果，「p でない，または，q でない」の真偽は，（上から順に）ＦＴＴＴとなった．そうすると，「（ p かつ q ）でない」のＦＴＴＴと，「p でないかまたは q でない」のＦＴＴＴが一致している．ということはこの等式，左辺と右辺，左と右は同じこと言ってるんだ．つまりこの等しいといっている意味はどういう意味で等しいと言ってるかというと，考えうる４つのケース，「４種類の場合のどの場合も真と偽が一致してしまう」ということをここに等しいと書いているわけです．左辺の条件と右辺の条件とが等しいといっているのは，①から④までのあらゆる場合に，両辺のＴ／Ｆ（真／偽）が一致する，という意味で等しいと書いています．つまり「（p かつ　q ）でない」とか，「p でないまたは　q でない」とかいろいろ言ってるときに，いつもその４つのシナリオが後ろに控えているのだ，ということを意識しよう．真偽表を持ち出すことによって，いつも４つの状態があって，それぞれどの場合は真で，どの場合は偽である，というのが同時に表として書き込まれている．真か偽かがいろいろな場合が裏にうごめいているという様子が真偽表をつくると伝わるかもしれない．

いま，ド・モルガンの法則について，まず言葉による理解，次に真偽表によって，両辺が等しいことを確かめました．それから，さらにベン図で確かめるということもやっておきましょう．まず，$P \cap Q$，すなわち P と Q の共通部分を塗る．つぎに，その補集合である（ $P \cap Q$ ）バーを塗る．一方，P でない部分を塗り Q でない部分を塗り，それらの和集合の部分（少なくとも一方に含まれる部分）を塗ると，先に塗った（ $P \cap Q$ ）バーの部分と同じになる．塗り終わった所が一致してるわけだから同じですね．結局両方の言っていることは，①番だけだめ，②，③，④は全部真だということですよ．真偽表のＦＴＴＴと，このベン図の表している（②，③，④を塗りつけている）ことは同じことを言ってるわけです．

さて，ド・モルガンの法則にはもう１個ありました．「p または q 」の否定．「（p または q ）ではない」ということは，p または q どっちかでよいと言っているのを否定するのだから，どちらでもない．p でなくかつ q でもない，と了解してもらえればよいわけで，言葉として理解する，それからベン図として理解する，真偽表として理解する．同じプロセスを３つ重ねてもらえばよいと思います．

最初に高校１年生の内容だと言いましたが，高校１年生は真偽表そのものはやらない．ベン図だけで納得してＯＫ，それで済んでしまうのですが，適性試験の場合は真偽表も平行してやっていく必要があるだろうということで説明をしています．

1―6 ならば その1

■ ならば

「$p \to q$」は条件を表す。

（pでありながらqでない）ことはない，と同義。

よって，

$(p \to q) = (\overline{p \wedge \overline{q}})$ ド・モルガンの法則

$= (\overline{p} \vee \overline{\overline{q}})$

$= (\overline{p} \vee q)$

と変形することで「pでないか，またはq」とも同義。

	p	q	$p \to q$
①	T	T	T
②	T	F	F
③	F	T	T
④	F	F	T

	p	q	$\overline{p}$	$\overline{p} \vee q$
①	T	T	F	T
②	T	F	F	F
③	F	T	T	T
④	F	F	T	T

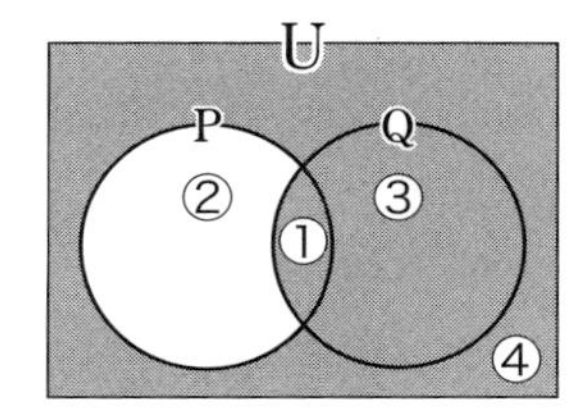

②のとき$(p \wedge \overline{q})$のみ偽

①,③,④で真となることを表す。

ここから出てくる「ならば」というのが重要です．まず先ほど「pならばq」という言葉を「pであるものはすべてqである」という意味に使いましたね．それはさっきの「東京都に在住している人はすべて日本国に在住している」という例で説明した意味での「ならば」は，後で説明する「ならば（その２）」の方の意味です．今から「ならば（その１）」というものを説明します．

これが要するに「ならば（その1）」と「ならば（その2）」とでそのニュアンスが違うのに，同じ「ならば」という言葉を使うから，皆さん混乱してたりするわけです．特に，（本書第2章で扱う）研究者グループ実験テストというのを見ると，結局この辺のところを突っついてきている問題が，実は出てきてる．

まずとにかく「p ならば q」という「条件」をつくろう．p とか q とかいう単独の条件を組み合わせることで，「p かつ q」や「p または q」などという新しい条件を作り出してきました．「または」とか「かつ」という接続語を使って2つの条件をがつんとくっつけると，「p かつ q」，「p または q」のような新しい条件が生み出されたわけです．ここでも「ならば」というのは接続語だと思って，「p ならば q」というつなぎ方をした新しい条件をつくるのだと考えます．

じゃあ条件「p ならば q」の真偽をどのように決めたらよいのだろう．p と q の真偽には（組合せで）4つのケースがあるわけだから，先ほどと同じように真偽表を作りましょう．ただ無味乾燥に真偽を決めると覚えにくいから，具体的な条件の例を使って，少しは生活感があるように説明します．

そこで，いつも出す例ですが，

p：明日晴れる

q：遊びに連れて行ってあげる

としましょう．「p ならば q」というのは，

p ならば q：明日晴れるならば遊びに連れて行ってあげよう

ということにします．そこで，4つのケースについて全部検討しよう．①のケースは何かな．p，q ともに真なので，翌日は晴れて，そして遊びにも行った．これは約束は守ってもらったわけで，にこにこですよね．T（True）である．次は②のケース．これは p のみ真なので，翌日晴れた，

そして遊びに行かなかった．ひどい．怒られますよね．約束を破ったと言われますからこれはF（False）である．次は③番目，こんどは q のみ真なので，翌日晴れていなかった．しかし，遊びに行った．あら，晴れてないのに遊びに連れて行ってくれた．なんかうれしいような気もするしね．真なのか偽なのかちょっと迷うところですよね．では④番はどうかな．これは p も q も偽である場合ですから，翌日晴れてない，そして遊びにも行かない．別に文句言われる筋合はないですね．③番と④番に関しては，もともと「明日晴れたら遊びに連れて行くよ」と言っていたのだから，pでないときに関しては（発言者は）一切関知しないという日常感覚というのはありますね．ここでは何か真偽を決めないといけないから，少なくとも晴れてないときに関しては遊びに行こうが行くまいが約束を破ったとは言わせない，と考える．ただそういうことで③番目と④番目はT（True）に決める．何か妙な気がすると思うんですよ，たぶんね．一旦ここはこう決めるのです．というのも，この例文をあてはめながらやったから，変な気もするわけです．とにかく「ならば（その1）」の意味での「p ならば q」という接続語で結ばれた新たな条件の真偽は，このようにTFTTと決めるのです．決めちゃうのだから，定義するときは文句言っこなしということにしよう．

次に，もう1つの理解の方法として，「（p でありながらかつ q でない）ことはない」と考える．先ほどの例で「明日晴れてたら遊びに連れて行ってあげるよ」とは，「明日晴れていながら，かつ，遊びに連れていかない，なんてひどいことはしない」と読み替えることができる．こういうのを読むときに，「ない」という否定の言葉が2箇所ありますね．「ない」という否定語はそれぞれどの範囲を否定するのかということに注意を向けなければならない．

「明日晴れていながら，かつ，遊びに連れていかない，なんてひどいことはしない」すなわち「（p でありながらかつ q でない）ことはない」において，最初の「ない」は q だけを否定しています．②番目の「ない」は（p でありながらかつ q でない）という括弧全体を否定しています．言葉とか文字で書くと，ないという言葉が否定している範囲というのが明確ではないわけですね．でももし記号で書く場合には明確になるが，文字にするときは気をつけなければならない．

ここからド・モルガンの法則を使います．

（p，かつ，q でない）の否定

においては，「かつ」が「または」に入れ替わり，

（p でない，または，q でなくない）

これって結局，二重に否定すると肯定するので，

（p でない，またはq）

ということになる．４つのシナリオで検討するとどうでしょう．場合①から場合④の中で「p でない」のが，③，④ですね．「q である」のが①，③．そうすると「または」で結んでいるから結局（③，④）または（①，③）ということは，①か③か④ということになる．先ほど定めた真偽表と見比べて，正しいな，というように考えられるわけです．

こんどは，「p でないかまたは q 」の真偽表を愚直につくってみましょうか．真偽表にも慣れてほしいので．まず p と q の真偽の組合せですね．①番から④番まで用意したときに「p でない」の真偽をつくりますと（上から順に）ＦＦＴＴ，ひっくり返るよね．「p でないかまたは q 」の真偽はどうでしょう．①番の場合はＦとＴを「または」で結ぶのでＴ．②番はＦとＦを「または」で結ぶのでＦ．③番はＴとＴを「または」で結ぶのでＴ．④番はＦＴを「または」で結ぶのでＴ．このようにさっきやったルールで愚直にやっていくと，「p でないまたは q 」の真偽が①番から④番ま

で（上から順に）ＴＦＴＴと出ました．そして，このＴＦＴＴは先ほど決めてしまったＴＦＴＴとちゃんと同じになっています．

つまり，いま「ならば（その１）」といったのは，どういうことか．接続語で条件 p，q を結びつけて「p ならば q」というようにつくった新しい条件の真偽はＴＦＴＴの順に決まる．②番以外が真となるものであり，それはこのような解釈と計算の結果，「p でないかまたは q」という主張（条件）と同じものであるということになります．問題に適応する例は後でやります．とりあえずここまでが，「ならば（その１）」です．

1―7 ならば その2

■ 必要条件／十分条件
条件「$p \to q$」の真偽表において偽(F)となる場合(②)が存在していないとき，

q を p であるための「必要条件」
p を q であるための「十分条件」という。

このとき，条件「$p \to q$」は常に真となり，命題となる。

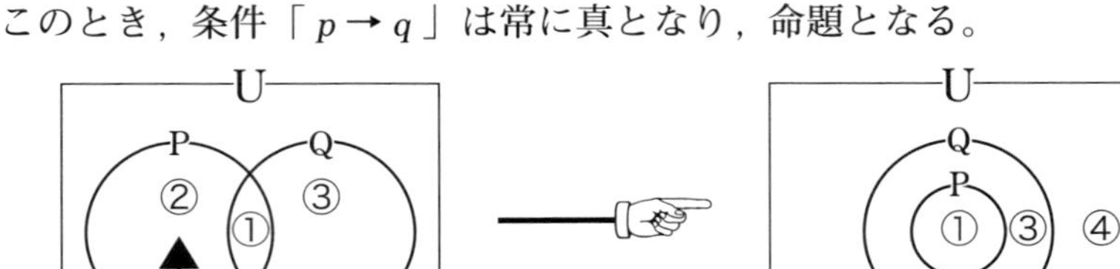

では「ならば（その2）」に行きます．今度は「男性であるならば眼鏡をかけている」という例を使おう．この条件において，「男性である」という条件を p とし，「眼鏡をかけている」という条件を q としたときに，この「ならば」の意味が，「p ならば q」という全体がその条件として考えられているのか，それとも「すべての男性はみんな眼鏡をかけている」という文なのかで違うわけです．この「ならば」という字の読み方は，「ならば（その1）」のように解釈される場合どうなるのか．「p ならば q」というのを先ほど決めた真偽表に沿って，まず私（＝米谷）はどうなんだろうとやってみるわけです．私は男性であるから p は満たしている．眼鏡はかけていないので，q は満たしてない．この文には，実際は x さんみたいな隠れた変数があるわけで，条件文としては，「x さんが男性であ

るならば，x さんは眼鏡をかけている」と読むわけです．その x さんのところに x ＝米谷というのを代入したら，どうなるか．私は p であるのだけれども，q でないような人間なわけで，真偽表によれば②番になりますから，偽（T）である．つまり私は「男性であるならば眼鏡をかけている」という条件文を私は満たしていないのである．ということになるのだけど，何か変でしょう．

変というのはつまりここでは，「ならば」というのはその1の意味に理解すればその通りなのだけれど，「男性であるならば眼鏡をかけている」というものを普通の自然な日本語として考えたときに，あの文を「x さんが男性であるならば，x さんは眼鏡をかけている」と読解した上で，x ＝米谷という人間を代入して偽であると決めた，そのプロセスってすごく不自然ですよね．なんか不自然でしょう．だって「男性であるならば眼鏡をかけている」という文に変数 x を補って読んだ上で，x に一人一人の人間を代入して，満たしているか否かを検査するなんて，やはり不自然に思われます．「ならば」という言葉はそうは使ってないんじゃないか，と思うんですよ．

つまりこれを普通はどう読み取っているかというと，この部屋にいる人というのを全体の集合としよう．「この部屋のすべての男性はみんな眼鏡をかけている」という主張があり，今この部屋を見た結果，私のような例外（眼鏡をかけていない男）がいるから，それは「偽」である．偽であると判断できたわけだから，判断できた以上は，この文は命題だ．しかし，「男性であるならば眼鏡をかけている」という文を，「（この部屋の中の）すべての男性は眼鏡をかけている」と読んでいいのかまだ疑問が残りますね．

でも，先ほど使った例でいうと，「東京都在住であるならば，日本国在住である」というのはまさに「すべての東京都在住の人間は日本国に在住している」という文として使ってきたわけだからね．つまり，「ならば（その1）」，「ならば（その2）」というのが，どうやら違うものであるということね．「東京在住ならば日本国在住」という文におけるこの「ならば」は，「すべての東京在住者は日本国に在住している」という意味に実際使っていて，今度はこれは正しいんですよね．真の命題なわけです．

今の読み替えの例を2つ出しているわけですけど，先に考えた方の「男性であるならば眼鏡をかけている」を，「すべての男性は眼鏡をかけている」と読み替えることを（甲）と呼びましょうか．後から考えた方の「東京在住ならば日本国在住」を「すべての東京在住者は日本国に在住している」と読み替えることを（乙）と名づけたとして，たぶんこの読み替え（甲）と読み替え（乙）は，多くの人の言語感覚ではたぶん（乙）の方は自然に受け入れることができるのではないのかと思います．読み替え（甲）に関しては何かひっかかりませんか．何か変ではないかな．実際に何でひっかかるのかというと，「だって現に眼鏡をかけていない男性がいるじゃないか」ということで不自然だと考えられるんだけど，何か変なんだよね．

そこでそもそも真である場合って何なんだろう．これも「東京在住」を条件 p とし，「日本国在住」を条件 q としたときに，東京在住$=p$ と日本国在住$=q$ について，また①から④までの全ケースを検討してみましょう．p と q という2つの条件があれば形式的に4つのシナリオがあるという話でした．まず①番，p，q それぞれが満たされるとき，東京在住でありしかも日本国在住の人，そんな人いっぱいいる．次に②番（ p のみが真），東京在住でありかつ日本国に在住してない，そんなやつは一人もいないですよね．②番のような人がこの例では1人もいない．③番（ q のみが真）はどうかな．東京在住ではないが日本国在住．こういう人はいっぱいいる．④番（ p，q ともに偽），東京在住ではない，日本国にも在住ではない．世界にそういう人はたくさんいる．今4つのシナリオを検討してみた結果，②番の場合だけが一人もいないのだけど，他はわんさかいるという状態になった．つまりこの「ならば」を，「 p ならば q 」とは，「 p であるもののすべてが q である」と読み替えられるケースというのは，②番のケースがまったく存在しないときであり，この場合に「 p ならば q 」は命題として真である．それは日常の言語感覚としても自然なものとして受け入れられる．

だけど「男性であるならば眼鏡をかけている」の例はどうだろう．こっちに関しては②番のケース（男性であるが眼鏡をかけていない例）が私も含め，ここにいますから，そうするとそれを読み替え（甲）で，「この部屋のすべての男性は眼鏡をかけている」と言ったらこれは違う．ここでは，この読み替え（甲）が非常に不自然になる．混乱してきたかもしれないので，まとめましょう．

読み替え（甲）
「男性であるならば眼鏡をかけている」を，
「すべての男性は眼鏡をかけている」と読み替える．
p ：男性である，q ：眼鏡をかけている，とするとき，
４つの想定できるケースのうちの②番目（ p は真で q は偽）に相当する
「男性で眼鏡をかけていない者」が存在する（可能性がある）．
この読み替え（甲）は，そのまま適用すると不自然である．
これを「ならば（その１）」で読み替えてみる．
「 p ならば q 」を「 p でないか，または，q 」と読み替えるルールに従えば，
「男性でないか，または，眼鏡をかけている」という条件となる．
②番目のケースである「男性で眼鏡をかけていない者」については，
この条件が満たされない．
②番目のケースの者が一人もいないような集団であれば，
その集団の成員の全員について，
条件「男性でないか，または，眼鏡をかけている」が満たされる．
この場合について，読み替え（甲）は，
次に述べる読み替え（乙）と同じになる．

読み替え（乙）
「東京在住ならば日本国在住」を，
「すべての東京在住者は日本国に在住している」と読み替える．

p：東京在住，q：日本国在住，とするとき，
４つの想定できるケースのうちの②番目（p は真で q は偽）に相当する
「東京在住で日本国在住でない者」は，確実に存在しない．
したがって，読み替え後の文は「命題として真」となる．
この読み替えは日常言語感覚とも一致する．
これが「ならば（その２）」である．

「すべての東京在住者は日本国に在住している」は真の命題です．これは「東京在住ならば日本国在住」と述べられた場合でも，同様に真の命題と判断するわけですね．その確信はどこから得られたのか．それは４つのケースのうちの第２のケースが存在しない．つまり，各々の条件 p と q の実際の中身を検討してみた結果②番がないという状態です．②番というのは何だったかというと，「ならば（その１）」において，p でありかつ q ではないような事例を指していた．この②番において，「p ならば q」という条件が満たされず，偽になった．この②番というシナリオが，最初からないときである，ということになる．

ということはベン図としてはどういう状況になるかというと，②番のケースが存在しない．ここの②番のケースが消えてしまう．消えてしまうと図はどうなってしまうか．「p であるものがすべて q」という状況で，条件 p の真理集合 P は①番の場合．条件 q の真理集合 Q は①番と③番の場合．Q の外に④番の場合がある．すると P は Q の中にすぽんと入るという関係になる．この図はまさに東京在住者はみんな日本国に住んでいるというベン図と同じ状況ですよね．この状況を「ならば（その２）」と呼んでいます．

結局，「東京在住ならば日本在住である」と言ってみんなが了解している「ならば」は，その２の意味に使っている．一方，それとは別にその１の意味に使っている，「ならば」という言葉もある．日常語ではだいたいみんなその２の意味で使っていますけど．実はロジックでは，その１の意味をまず理解して下さい．そして，その１で理解した条件が偽になるケー

スが消滅したときに，「ならば（その２）」の意味で使われる．ここのところをしっかり押さえていきましょう．

なお，ここまで念入りに説明してきた「ならば（その１）」「ならば（その２）」という言葉遣いは，この教室限りの用語でして，一般に使われているネーミングではないことに注意して下さい．ただし，概念そのものは，一般の数学や論理学でも使われるものです．本書では，第３章で「ならば」についての探求をさらに深め，「５つの解釈」について調べて行きます．いまここで説明した「ならば（その１）」「ならば（その２）」は，「５つの解釈」の理解の基礎となるものです．

1―8 逆・裏・対偶

■逆／裏／対偶

命題「$p \to q$」に対し,

「$q \to p$」を「逆」(の命題)

「$\overline{p} \to \overline{q}$」を「裏」(の命題)

「$\overline{q} \to \overline{p}$」を「対偶」(の命題)という。

もとの命題と「対偶」の命題は「真・偽を共にする」が,「逆」「裏」については無関係である。

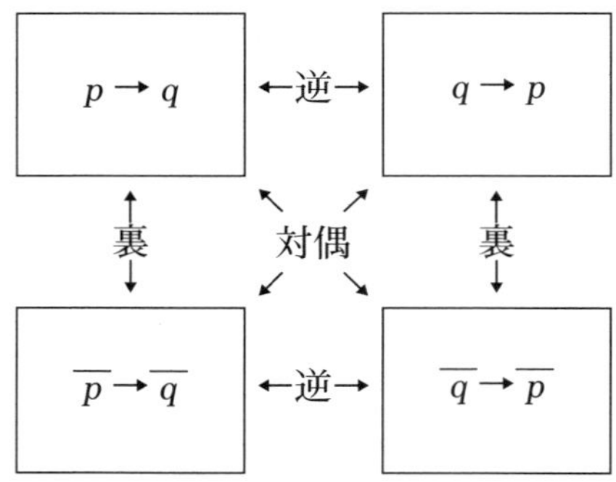

命題「pならばq」に対し，逆・裏・対偶というものを考えます．ここでの「pならばq」は「ならば（その２）」の意味で，命題として使っています．もとの命題は「pならばq」である．これはもちろん真の命題であるときと偽の命題であるときがあるのですが，基本的には真であるとしましょう．そうするとこれの意味は「pであるものは，すべてqである」という意味で，これは「pであるものの集合Pが，qであるものの集合Qの部分集合である」と読んでもよい．

一方，逆はどうか．逆は「qならばp」ですが，「pならばq」が真の命題であるときに，「qならばp」の真偽はどうか．例えば「東京在住であるならば日本国在住である」という例においては，「日本国在住ならば東京在住である」とは言えないわけですね．したがって，一般には「p ならば q」が真の命題であるときに，「q ならば p」は真の命題であるとはいえない．だから一般には「逆は必ずにも真ならず」という．

それから裏というものがあります．「p ならば q」という命題の裏は「p でない，ならば q でない」というもので，これも命題．「東京在住であるならば日本国在住である」という例においては，その裏の命題は「東京在住にあらざれば，日本在住にあらず」となる．そんな傲慢なことはないわけで，裏も正しくない．ということで，「裏も必ずしも真ならず」ということです．

次に，対偶．「p ならば q」という命題の対偶は「q でないならば p でない」となります．逆を裏返すか，裏を逆にするか．どっちからも対偶をつくれますが，この真偽はどうだろう．「東京在住であるならば日本国在住である」の対偶は「日本に住んでいない人は東京に住んでいるとは言えない」となる．これは正しい．では，元の命題が真であるとき，対偶の命題も必ず真になるといえるのだろうか．

命題は「p ならば q」が真であるとは，「p であるものは，すべて q である」という意味で，真理集合 P，Q についてみると

$P \subseteq Q$　（P が Q の部分集合）

ということでした．このとき，補集合 $\overline{P}$ と $\overline{Q}$ についてみると，

$\overline{Q} \subseteq \overline{P}$　（$\overline{Q}$ が $\overline{P}$ の部分集合）

となっているので，「q でないものは，すべて p でない」すなわち，対偶命題である「q でない，ならば p でない」もまた真の命題となります．

元の命題と対偶の命題は同じことをいっていて，実は元が偽だったら対偶も偽になります．ぴったり同じことをいっている．こういうことを「対偶は元の命題と真・偽をともにする」という．実際の問題を解決するとき，問題文に書かれている内容そのままでは了解しにくいのだけど，対偶に書き直してみたら，すぐに解けるということが，ときどきあるのです．

1—9 全称命題・特称命題

■ 全称命題／特称命題

1' 「すべての x が条件 $p(x)$ をみたす」……(丙)という主張は全称命題。

$\forall x, p(x)$　　　　(∀は all の頭文字 a に由来)

2' 「条件 $p(x)$ をみたす x が(少なくとも一つ)存在する」……(丁)という主張は特称命題。

$\exists x, p(x)$　　　　(∃は exist の頭文字 e に由来)

3' 否定

(1) $\overline{\forall x, p(x)} = \exists x, \overline{p(x)}$

(丙)の否定は「$p(x)$ をみたさない x が存在する」

(2) $\overline{\exists x, p(x)} = \forall x, \overline{p(x)}$

(丁)の否定は「すべての $p(x)$ は x をみたさない」

次に，全称命題・特称命題という概念を考えます．変数 x を含む条件 p というときに，$p(x)$ などと書きましたね．今度は「すべての x が $p(x)$ を満たす」と言うと，これは真か偽かが決まる命題になります．

例えば，$p(x)$ ：x さんは眼鏡をかけている，としよう．条件 $p(x)$ の真偽は，x さんが誰であるかによって変わりますから，$p(x)$ だけでは真偽は決まりません．では，「この部屋の人はすべて全員眼鏡をかけている」という文はどうでしょうか．この部屋では，少なくとも私は眼鏡をかけていないので，この文は正しくないとわかりますね．ということは，条件 $p(x)$ に対して「すべての x は $p(x)$ である」という文は真偽が判定できる命題ということになります．「すべての」という言葉を条件にかぶせると，真偽が確定して命題と言えるようになる．

それからこんどは「眼鏡をかけている人がこの部屋の中に存在する」と言ったらどうでしょう．今の場合，この部屋に眼鏡をかけている人がいらっしゃるので，それは真である，正しいということになります．このように「存在する」という言葉をかぶせて「 $p(x)$ であるような x が存在する」とすることによって，もともと条件であった $p(x)$ の真偽が確定して命題になります．「ある x について $p(x)$ である」という文でも同じです．

記号でどう書くかというと，「すべての」は all の A をひっくり返したような ∀ という記号を用い，「ある」「存在する」には exist の E をひっくり返したような ∃ という記号を使います．

$\forall x,\ p(x)$　「すべての x は $p(x)$ である」（全称命題）

$\exists x,\ p(x)$　「 $p(x)$ であるような x が存在する」（特称命題）

では，これらを否定したらどうなるか．「すべての x は $p(x)$ である」の否定はどのような命題になるでしょう．この主張を否定するには，「俺は眼鏡をかけてないぞ」という人が一人でも名乗り出ればよい．たった一人だけでも，その主張が偽であることが，証明されてしまう．つまり「すべての x は $p(x)$ である」の否定は「ある x が $p(x)$ ではない」「 $p(x)$ ではない x が存在する」となる．反例を一つ示すだけで，否定になってしまう．「ハンレイ」というと普通法律を勉強している人は裁判の「判例」を思い浮かべると思いますが，ここでいうハンレイは「反する例」ですね．

もう1つは「 $p(x)$ であるような x が存在する」の否定です．ある人は p である．p である人が存在する．この部屋に眼鏡をかけている人が存在する．今は現に存在していますけど，もしそれを否定するとしたら，誰一人眼鏡をかけていないという状態が否定になりますから，「あらゆる x が $p(x)$ ではない」，「あらゆる人が眼鏡をかけていない」ということになります．

$\forall x$， $p(x)$「すべての x は $p(x)$ である」（全称命題）

の否定は，

$\exists x$， $\overline{p(x)}$「 $p(x)$ でないような x が存在する」

$\exists x$， $p(x)$「 $p(x)$ であるような x が存在する」（特称命題）

の否定は，

$\forall x$， $\overline{p(x)}$「すべての x は $p(x)$ でない」

適性試験では「すべて」とか「存在」とかいうものの否定による言い換えが露骨に問われているというわけではないのですが，一応このくらいまでは適性試験の水準としては必要ではないかと考えています．適性試験オープンとか全国模試とか（註：著者が出題している辰已法律研究所主催の模擬試験）にはこのレベルのことまでは問うようにしています．では，次の章では，「ならば」に関する問題を３題続けて見ていきましょう．

マスクマン帝国17条憲法
第3条 円周率を埋め込んだ仮面エンブレムはマスクマン帝国の象徴でありマスクマン帝国民統合の象徴であって,この価値は,主権の存するマスクマン帝国民の総意に基づく。

第2章

ことばの中の論理

2―1「容器包装」実験テスト第9問の検討

研究者グループ実験テストから第９問を検討することとしましょう.

「中身と分離した時に不要にならないものは，容器包装ではない」
と同じ意味になるものを次の①～⑤の中から１つ選びなさい.
（ただし，ここにおける「Ａではないものは Ｂではない」という文は，「Ａではない＝Ｂではない」ではなく，「水中を泳げないものは魚ではない」という文と同じ形式をもつものとして用いられているとする.）

① 中身と分離したときに不要になるものは，容器包装である.
② 中身と分離したときに不要になるものは，容器包装だけである.
③ 中身と分離したときに不要になるもののみが，容器包装である.
④ 容器包装でないものは，中身と分離したときに不要とはならない.
⑤ 容器包装だけが，中身と分離したときに不要になる.

（2002 法科大学院入試・適性試験の設計段階に行われた実験テスト）

本問では「甲は乙である」の形の文を「甲であるものは乙という性質を持つ」とか「甲ならば乙である」といった形式で用いています．ここでいう「ならば」は本書第１章でいうところの「ならば（その２）」の意味で用いています.

「中身と分離したときに不要にならないものは，容器包装ではない」といっても，一度ではわかりにくいですね．法律の学習をしても，判決文を読んでみると，否定文が大量に使われています．二重否定などはあたりまえで，ひどいものは三重否定などもしばしば現れます．選択肢を順に読み進めてみると，結構あたまが痛くなりそうですね．やはり，文字だけを追うのではなく，「集合」といったツールを用いた分析をしなければ，解答は困難でしょう．文字だけ見ているとわからなくなってしまいます．ひとつのアプローチとして，対偶をとってみましょう．

(中身と分離したときに)「不要にならないものは容器包装ではない」

対偶は「容器包装であるものならば，その中身と分離したとき不要になる」

こう書き直すと，否定文ではなくなるので，わかり易くなります．いま作った対偶と同じ表現があるかな．対偶は「容器包装であるものならば，それは中身と分離したときに不要になるもの」だ．ところが，それとまったく同じ選択肢は見あたりません．つまり，対偶をとっただけで肢が選べて解決するというほど甘くはなかったのです．似ているのは，⑤「容器包装だけが中身と分離したときに不要になる」という肢．「だけが」っていうと，ちょっと意味が違ってくるのね．「だけ」と同じ意味を持つ「のみ」を含むのは③不要になるもの「のみ」が容器包装．まだぴんとこない．以下，3つの方針で解説をします．

【解説1】

いくつかの解法があるが，ここでは「p ならば q」（$p \Rightarrow q$）という命題は「『p であって，かつ q でないもの』がない」（$p \wedge \overline{q}$ がない）を表していることを用いる解法を用いる．

「p ならば q」という命題は，「p であるときについて」の記述である．したがって，「p であるときについては，必ず q だ」ということを述べている．これは「p であるときに，同時に q でないことは絶対にない」という意味でもある（これは，表面に現れているものよりも，その裏側にあるものに注目したほうが対象の性質をよりはっきり捉えることができるという発想法でもある）．

この考え方を設問に当てはめてみる．

「不要にならないもの」を p

「容器包装ではないもの」を q

とする．このとき

「不要になるもの」は $\overline{p}$

「容器包装であるもの」は $\overline{q}$

となる．

すると，設問の「不要にならないもの（ p ）は，容器包装ではない（ q ）」（ $p \Rightarrow q$ ）という文章は，「『不要にならないもの（ p ）で，容器包装である（ $\overline{p}$ ）』ものはない」（ $p \wedge \overline{q}$ がない）を表しているといえる．

以上から，同じ意味を表すものを選ぶには，「 $p \wedge \overline{q}$ がない」ことを表す肢を選択すればよい．このことを前提に各肢を検討する．

①　同じ意味とはならない

本肢「不要になるものは，容器包装である」（ $\overline{p} \Rightarrow \overline{q}$ ）は「『不要になるもの（ $\overline{p}$ ）であって，容器包装でない（ q ）』ものはない」（ $\overline{p} \wedge q$ がない）を表している．これはもとの文が表す「 $p \wedge \overline{q}$ がない」とは異なる．よって，本肢はもとの文と同じ意味とはならない．

②　同じ意味とはならない

本肢「不要になるものは，容器包装だけである」は肢①の「容器包装である」を強調した表現となっているが，その意味するものは同じである．なぜならば，この文章は「不要になるもの（ $\overline{p}$ ）であるときは，必ず容器包装（ $\wedge\overline{q}$ ）だ」ということであり，この文によって存在を否定されるものは『不要になるもの（$\overline{p}$）であって，容器包装でない（q）』ものであるからである．すなわちこの文も「『不要になるもの（$\overline{p}$）であって，容器包装でない（q）』ものはない」（$\overline{p} \wedge q$がない）を表している．これはもとの文が表す「$p \wedge \overline{q}$がない」とは異なる．よって，本肢はもとの文と同じ意味とはならない．

③　同じ意味となる

本肢「不要になるもののみが，容器包装である」は「容器包装であるもの（$\overline{q}$）の中には，不要になるもの（$\overline{p}$）しかない」ということを述べている．つまり「容器包装であるもの（$\overline{q}$）の中には，不要にならないもの（p）はない」＝「『容器包装（$\overline{q}$）であり，かつ不要にならないもの（p）』（$\overline{q} \wedge p$）はない」ということでもある．つまり，この文が排除している対象は「不要にならないもの（p）で，かつ容器包装であるもの（$\overline{q}$）」（$p \wedge \overline{q}$）である．これはもとの文が排除する「$p \wedge \overline{q}$」と一致する．よって，本肢はもとの文と同じ意味となる．

④　同じ意味とはならない

本肢「容器包装でないものは，…不要とはならない」（$q \Rightarrow p$）は，「『容器包装でないもの（q）であって，不要となる（$\overline{p}$）』ものはない」（「$q \wedge \overline{p} = \overline{p} \wedge q$」がない）を表している．これはもとの文が表す「$p \wedge \overline{q}$」とは異なる．よって，本肢はもとの文と同じ意味とはならない．

⑤　同じ意味とはならない

本肢「容器包装だけが，不要となる」は，「「不要になるもの（ $\overline{p}$ ）の中には，容器包装であるもの（ $\overline{q}$ ）しかない」ということを述べている．つまり「不要になるもの（ $\overline{p}$ ）の中には，容器包装にならないもの（ q ）はない」＝「『不要になるもの（ $\overline{p}$ ）であり，かつ容器包装にならないもの（ q ）』（ $p \wedge \overline{q}$ はない」ということでもある．つまり，この文が排除している対象は「不要になるもの（ $\overline{p}$ ）で，かつ容器包装にならないもの（ q ）」（ $\overline{p} \wedge q$ ）である．これはもとの文が排除する「 $\overline{p} \wedge q$ 」と一致しない．よって，本肢はもとの文と同じ意味とはならない．

以上より，正解は③である．

【解説２】

次のような表（カルノー図という）で考えることもできる．

	q 容器包装ではないもの	$\overline{q}$ 容器包装であるもの
p 不要にならないもの	ア　$p \wedge q$	イ　$p \wedge \overline{q}$
$\overline{p}$ 不要になるもの	ウ　$\overline{p} \wedge q$	エ　$\overline{p} \wedge \overline{q}$

「不要になる」「不要にならない」という性質と，「容器包装ではない」「容器包装である」という性質を組み合わせると，以上の表のようにア～エまでの４つの状態が考えられる．

このとき設問文章の「……不要にならないものは，容器包装ではない」は，表のア，イのうち，アしかない，ということを述べていると考えられる．これをよりはっきり言うと，「状態イがない（ $p \wedge \overline{q}$ がない）」ということになる．残りのアはもちろんのこと，ウやエの状態を「不要にならないものは，容器包装ではない」という文は排除していない．

同様にして各選択肢を検討すると，①，②，④，⑤はいずれも「状態ウがない（ $\overline{p} \wedge q$ がない）」を表している．

①「不要になるものは，容器包装である」＝（ウ，エ）であるならエ
②「不要になるものは，容器包装だけである」
＝（ウ，エ）であるならエだけ
④「容器包装でないものは，不要とはならない」
＝（ア，ウ）であるならア
⑤「容器包装だけが，不要になる」
＝エだけが（ウ，エ）の中で起こりうる

以上を表と対応させてみると，いずれも「ウはない」ということを述べていることがわかる．

これに対して，③は
③「不要となるもののみが，容器包装である」
＝エだけが（イ，エ）の中で起こりうる
となり，排除しているものは「イの状態」である．つまり「状態イがない」ということを述べている．すなわち，もとの文章と同じことを表していることがわかる．

【解説３】

ベン図を用いて考えることもできる．

命題が成り立っているとき，対応する真理集合 P ，Q の間には P が Q の部分集合となる（ P が Q の中にすっぽり入る）という関係が成り立っている．

すると「不要にならないものは容器包装ではない」を表現するベン図は次のようになる．

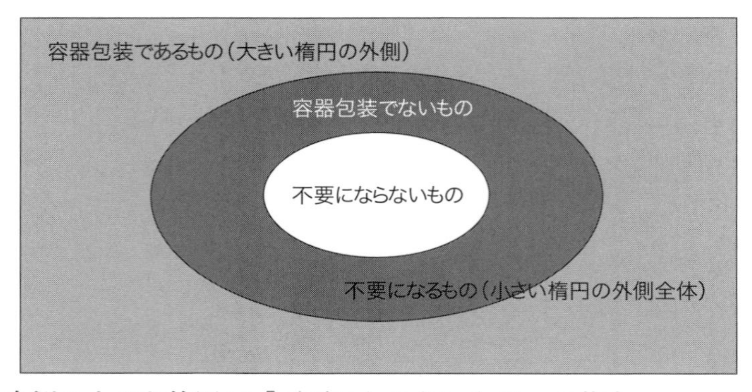

内側の小さな楕円が「不要にならないもの」の集合
外側の大きな楕円が「容器包装でないもの」の集合
このとき，
内側の小さな楕円の外側全部が「不要になるもの」の集合
外側の大きな楕円の外側が「容器包装であるもの」の集合
となる．

① 同じ意味ではない

「不要になるものは容器包装である」という記述は，上のベン図で小さい楕円の外側全部を表す「不要になるもの」が必ず「容器包装（大きい楕円の外側）」に入っていることを表すが，上の図はそうはなっていない（「不要になるもの」の中に「容器包装でないもの」がはいる可能性を排除していない）．よって本肢の内容はもとの文と同じ意味ではない．

② 同じ意味ではない

「不要になるものは容器包装だけである」という記述は，上のベン図で小さい楕円の外側全部を表す「不要になるもの」の中は必ず「容器包装（大きい楕円の外側）」の部分だけで占められることを表すが，上の図はそうはなっていない（「不要になるもの」の中に「容器包装でないもの」がはいる可能性を排除していない）．よって本肢の内容はもとの文と同じ意味ではない．

③　同じ意味である

「不要になるもののみが，容器包装である」という記述は，上のベン図で小さい楕円の外側全部を表す「不要になるもの」だけで，「容器包装（大きい楕円の外側）」が占められていることを表すが，上の図はたしかにそうなっている．もし本肢の文章が表す状態に反するケース，つまり「不要になるもの」以外が「容器包装」の一部に含まれることになるケースを考えると，内側の小さな楕円が外側の楕円の内部から外にはみ出す部分ができることになる．そうなるともとの命題が表すベン図とは異なってしまう．したがって，本肢の表すベン図の状態はもとの命題が表すベン図の状態と一致する．よって本肢の内容はもとの文と同じ意味である．

④　同じ意味ではない

「容器包装でないものは，不要とはならない」という記述は，上のベン図で大きい楕円の内部（容器包装でないもの）が，すべて小さい楕円の内部を表す「不要にならないもの」の中に入ることを表す．しかし明らかに上の図はそうはなっていない．よって本肢の内容はもとの文と同じ意味ではない．

⑤　同じ意味ではない

「容器包装だけが，不要になる」という記述は，上のベン図で小さい楕円の外側全部を表す「不要になるもの」は「容器包装（大きい楕円の外側）」だけで占められていることを表すが，上の図はそうはなっていない（「不要になるもの」の中に「容器包装でないもの」がはいる可能性を排除していない）．よって本肢の内容はもとの文と同じ意味ではない．

2—2 真偽表の使い方
実験テスト第10問の検討

研究者グループ実験テストから第10問を検討することとしましょう．

日常生活では，例えば，「明日８時の時点で雨が降っていたならば運動会は中止だ」などと，「ＡならばＢ」のような文章が用いられる．

「ならば」（imply)の用い方は，それぞれの集団や分野によって差がある．

しかし，ここでは「ＡならばＢ」の意味は「Ａでないか，あるいはＢである」の意味に用いる．

そこで，通常の用語法では区別しにくい表現であるが，

Ｐ：（ＡならばＢ）ならばＣ

Ｑ：　Ａならば（ＢならばＣ）

とする．

例えば，Ａ，Ｂ，Ｃにそれぞれ，晴天である，遊山に出る，花をめでる，など独立な条件をいれて考えるとよいかも知れない．

これらＰとＱの２つの文について，次の①〜⑤の条件のうち適当でないものはどれか．１つ選びなさい．

①　Ｐが成り立つが，Ｑが成り立たない場合がある．

②　Ｑが成り立つが，Ｐが成り立たない場合がある．

③　Ｑは，「Ｂならば（ＡならばＣ）」と同じ意味である．

④　Ｑは，「（ＡかつＢ）ならばＣ」と同じ意味である．

⑤　Ｐは，「（ＡまたはＣ）かつ（ＢならばＣ）」と同じ意味である．

（2002 法科大学院入試・適性試験の設計段階に行われた実験テスト）

問題文は「ＡならばＢ」を，「ＡでないかあるいはＢ」の意味にとるといっています．ここで，ＰとＱを見ると，（ＡならばＢ）ならばＣとか，Ａならば（ＢならばＣ）などと括弧付きの二重構造ですね．問題文の続きでは，晴天である，遊山に出る，花をめでる，といった例を代入して，「晴天であるならば，～」と条件を想像したりしても，全然わかりませんね．そういうことはしないで，いかに無心に機械的に処理するか，がポイントになります．

ここでは，２つの方針をとって解説をしてみましょう．

【解説１】

論理式計算とベン図の利用による解法

問題文中の「ＡならばＢ」の意味は「Ａでないか，あるいはＢである」の意味に用いることの記述を利用する，すなわち

$$(A \to B) = (\overline{A \wedge \overline{B}}) = \overline{A} \vee \overline{\overline{B}} = \overline{A} \vee B$$

まず，２つの文Ｐ，Ｑを論理式に基づき変形してみる．

$$\begin{aligned} P:\ & (A \to B) \to C \\ &= (\overline{A} \vee B) \to C \\ &= (\overline{\overline{A} \wedge B}) \vee C \\ &= (\overline{\overline{A}} \wedge B) \vee C \\ &= (A \wedge \overline{B}) \vee C \end{aligned}$$

$$\begin{aligned} Q:\ & A \to (B \to C) \\ &= A \to (\overline{B} \vee C) \\ &= \overline{A} \vee (\overline{B} \vee C) \\ &= \overline{A} \vee \overline{B} \vee C \end{aligned}$$

ここで，A，B，C各々が満たされるか満たされないかについて，２×２×２＝８通りの「場合」があるが，これらをベン図に表すと図−１のようになる．

図−１

この８つの場合のうち

$P：(A \wedge \overline{B}) \vee C$

を真にする「場合」は，図−２の網目を付けた５つの「場合」である．

図−２

一方，

$Q：\overline{A} \vee \overline{B} \vee C$

を真にする「場合」は，図−３の網目を付けた７つの「場合」である．

図−３

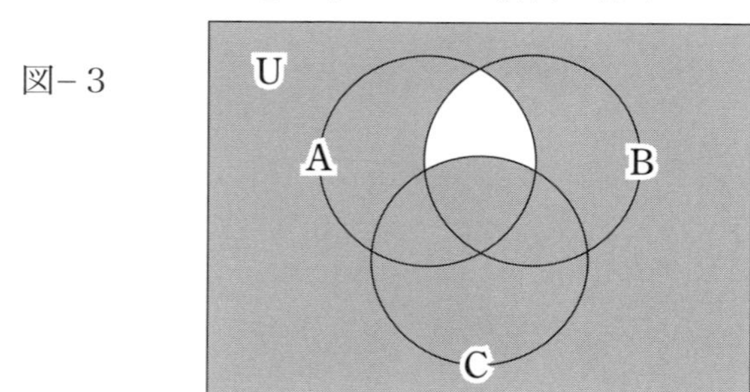

肢①の検討

図－２と図－３を見比べることにより，「Ｐが成り立つ５つの場合のすべてが，Ｑが成り立つ７つの場合に含まれている」ことがわかるので，「Ｐが成り立つとき，必ずＱが成り立つ」ことにある．よって①は誤りである．つまり肢①が選び出すべき正解である．

肢②の検討

図－４の網目を付けた２つの「場合」において，Ｑは成り立つがＰが成り立たない．よって②は正しい．

図－４

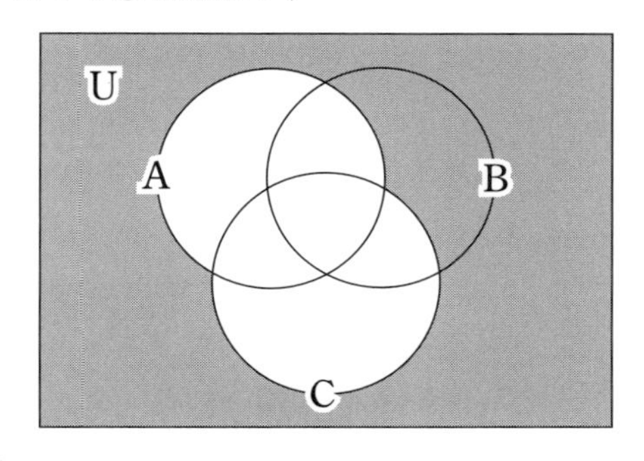

肢③の検討

$$
\begin{aligned}
&B \to (A \to C) \\
&= B \to (\overline{A} \vee C) \\
&= \overline{B} \vee (\overline{A} \vee C) \\
&= \overline{B} \vee \overline{A} \vee C \\
&= \overline{A} \vee \overline{B} \vee C
\end{aligned}
$$

これはＱの論理式と同じなので肢③は正しい．

肢④の検討

$$
\begin{aligned}
&(A \wedge B) \to C \\
&= (\overline{A} \wedge \overline{B}) \vee C
\end{aligned}
$$

$$= (\overline{A} \vee \overline{B}) \vee C$$

$$= \overline{A} \vee \overline{B} \vee C$$

これはQの論理式と同じなので肢④は正しい.

肢⑤の検討

$$(A \vee C) \wedge (B \rightarrow C)$$

$$= (A \vee C) \wedge (\overline{B} \vee C)$$

このまま論理式の変形を続けるのはわかりにくいので，ベン図に表してみる.

$(A \vee C)$ を図－５に，$(\overline{B} \vee C)$ を図－６に表し，これらの共通部分として $(A \vee C) \wedge (\overline{B} \vee C)$ を図－７に表す.

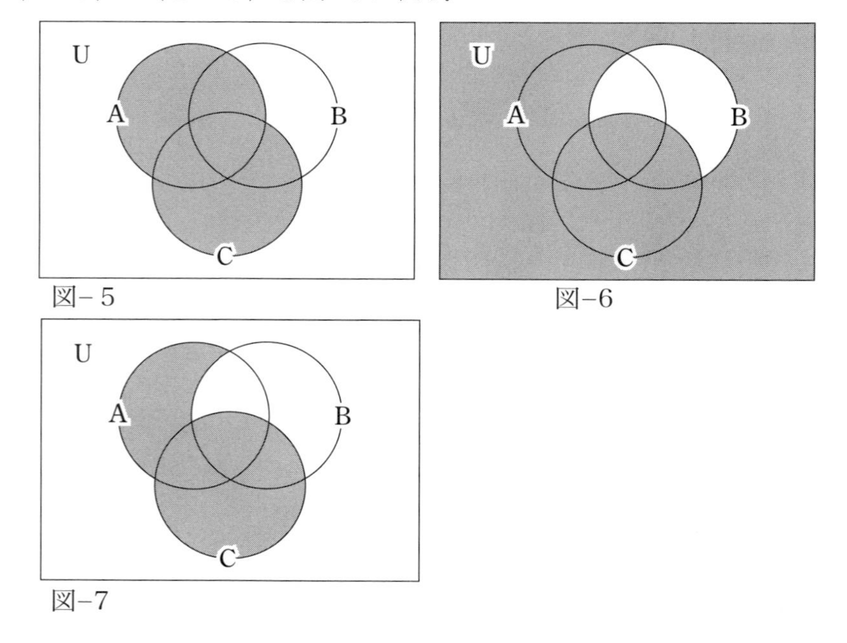

図－５

図−6

図−7

図－７は図－２と同一である．よって肢⑤は正しい.

【解説２】

設問中に，「ＡならばＢ」とは「Ａでないか，あるいはＢである」ということである，という定義がある．この定義を正確に用いることがポイントである．ここでＡ，Ｂについての「Ａである」「Ａでない」「Ｂである」「Ｂでない」というすべての状態を組み合わせて考えてみると，起こりうるケースは右の４つしかない．

	A	B
1	○	○
2	○	×
3	×	○
4	×	×

Ａであることを○，Ａでないことを×のように表した．
すると「ＡならばＢ」とは「Ａでない」（表の３か４）か，あるいは「Ｂである」（表の１か３）である，ということであるから，表の１，３，４のうちのいずれかである，ということを表していると考えられる．このことを次のように表すことにする．

	A	B	AならばB
1	○	○	○
2	○	×	×
3	×	○	○
4	×	×	○

つまり「ＡならばＢ」は２の状態以外は○となり，２の状態つまりＡが○でＢが×のときだけ×になるという性質を持ったものである．この性質を取り出して，以下，Ｐ，Ｑについて考察する．

Ｐ「（ＡならばＢ）ならばＣ」について考える．Ａ，Ｂ，Ｃの３つの文についての起こりうるすべての状態は右の８通りである．

	A	B	C
1	○	○	○
2	○	○	×
3	○	×	○
4	○	×	×
5	×	○	○
6	×	○	×
7	×	×	○
8	×	×	×

ここで，この８つの状態に対して，「ＡならばＢ」の状態を調べると次のようになる．

	A	B	C	AならばB
1	○	○	○	○
2	○	○	×	○
3	○	×	○	×
4	○	×	×	×
5	×	○	○	○
6	×	○	×	○
7	×	×	○	○
8	×	×	×	○

次に（ＡならばＢ）が「ならば」の前にきて，Ｃが後に来る文を考えるのだから，（ＡならばＢ）が○でＣが × であるような状態に × をつけ，残りを○にすればよい．

	A	B	C	AならばB	(AならばB)ならばC
1	○	○	○	○	○
2	○	○	×	○	×
3	○	×	○	×	○
4	○	×	×	×	○
5	×	○	○	○	○
6	×	○	×	○	×
7	×	×	○	○	○
8	×	×	×	○	×

この一番右側の列の状態がＰを表している．

同様にしてＱについても表を作ると，

	Ａ	Ｂ	Ｃ	ＢならばＣ	Ａならば（ＢならばＣ）
1	○	○	○	○	○
2	○	○	×	×	×
3	○	×	○	○	○
4	○	×	×	○	○
5	×	○	○	○	○
6	×	○	×	×	○
7	×	×	○	○	○
8	×	×	×	○	○

となる．一番右側の列の状態がＱを表している．以上を利用して各肢を検討する．

①　適当でない

表よりＰが成り立つときは，１，３，４，５，７の５つのケースである．このときＱはすべて成り立っている．したがって「Ｐが成り立つが，Ｑが成り立たない場合がある」とする本肢の内容は適当ではない．

②　適当である

表よりＱが成り立つときは，２以外の７つのケースである．ところが６と８のケースはＱが成り立っているにもかかわらず，Ｐが成り立っていない．したがって「Ｑが成り立つが，Ｐが成り立たない場合がある」とする本肢の内容は適当である．

③　適当である

「Ｂならば（ＡならばＣ）」について表を作る．

	A	B	C	AならばC	Bならば(AならばC)
1	○	○	○	○	○
2	○	○	×	×	×
3	○	×	○	○	○
4	○	×	×	×	○
5	×	○	○	○	○
6	×	○	×	○	○
7	×	×	○	○	○
8	×	×	×	○	○

これはQの表す状態と一致している．したがって「Qは『Bならば（AならばC）』と同じ意味である」とする本肢の内容は，適当である．

④　適当である
「（AかつB）ならばC」について表を作る．
「かつ」は両方が○であるときに限って○とする操作だと考えられる．

	A	B	C	AかつB	(AかつB)ならばC
1	○	○	○	○	○
2	○	○	×	○	×
3	○	×	○	×	○
4	○	×	×	×	○
5	×	○	○	×	○
6	×	○	×	×	○
7	×	×	○	×	○
8	×	×	×	×	○

これはQの表す状態と一致している．したがって「Qは『（AかつB）ならばC』と同じ意味である」とする本肢の内容は，適当である．

⑤　適当である
「（AまたはC）かつ（BならばC）」について表を作る．

「または」はいずれか一方が○であるならば○とする操作だと考えられる（したがって両方○の場合も○となる）．

	A	B	C	AまたはC	BならばC	(AまたはC)かつ(BならばC)
1	○	○	○	○	○	○
2	○	○	×	○	×	×
3	○	×	○	○	○	○
4	○	×	×	○	○	○
5	×	○	○	○	○	○
6	×	○	×	×	×	×
7	×	×	○	○	○	○
8	×	×	×	×	○	×

これはＰの表す状態と一致している．したがって「Ｐは『（ＡまたはＣ）かつ（ＢならばＣ）』と同じ意味である」とする本肢の内容は，適当である．

2―3 背理法の使い方
実験テスト第12問の検討

研究者グループ実験テストから第12問を検討することとしましょう．

５人の容疑者Ａ，Ｂ，Ｃ，Ｄ，Ｅに関して，次の（イ）～（ニ）が知られている．

このことから結論できることを下の①～⑤の中から１つ選びなさい．

（イ）ＡとＢが共犯ならば，Ｃは犯人ではない．
（ロ）ＡとＤが共犯ならば，Ｃは犯人ではない．
（ハ）ＢもＥも犯人ではないならば，Ａも犯人ではない．
（ニ）Ｅが犯人ならば，Ｄも犯人である．

① ＡとＤは共犯ではない．
② ＡとＣは共犯ではない．
③ ＣとＤは共犯ではない．
④ ＣとＥは共犯ではない．
⑤ ＢとＥは共犯ではない．

（2002 法科大学院入試・適性試験の設計段階に行われた実験テスト）

いくつかの解法を検討してみましょう．

◎ベン図の利用；ほとんど不可能といえましょう．

◎三段論法（演繹推論）の連鎖；

（イ）～（ニ）から直接導くことは困難です．しかし，選択肢の側から推論を始める方法（後述する背理法）であれば可能です．

◎表を用いる方法；

排除される可能性を表に書き込んでいく方法です．これも後述します．

【解説1】

まず，各命題とその対偶を作っておく．

（イ）　AとBが共犯 ⇒ Cは犯人でない
（イ'）Cが犯人である ⇒ AとBは共犯でない

（ロ）　AとDが共犯 ⇒ Cは犯人でない
（ロ'）Cが犯人である ⇒ AとDは共犯でない

（ハ）　BもEも犯人でない ⇒ Aは犯人でない
（ハ'）Aが犯人 ⇒ BまたはEが犯人

（ニ）　Eが犯人 ⇒ Dも犯人
（ニ'）Dが犯人でない ⇒ Eは犯人でない

本問の選択肢は，すべて，「○と○」は共犯ではない，という形をしている．そこで，各肢についてその否定，すなわち「○と○が共犯だとする」という状態を仮定して考えてみる．その結果，論理的にありえない状態（矛盾）が生じたとするならば，否定したもとの結論が正しいことがいえる．

このとき，どの肢から手をつけるかは一概にはいえない．指針としては条件が多いものについて考えた方が，拘束条件が多いので選択の幅を狭めやすいといえるが，絶対ではない．

肢②を検討する．AとCが共犯だと仮定する．

すると，（イ）の対偶（イ'）より，Cが犯人だとAとBは共犯ではないことがわかる．今，Aを犯人と仮定しているから，このことよりBは犯人でないといえる．［……（1）］

同様に，（ロ）の対偶（ロ'）よりCが犯人であるから，AとDは共犯ではない．Aは犯人であるから，結局Dは犯人ではない．すると（ニ）の対偶（ニ'）より，Dが犯人でないならばEも犯人でないことがわかる．
［……（2）］

（1）（2）より，ＢもＥも犯人ではないことになった．すると（ハ）より，Ａは犯人でなくなることなる．これははじめの仮定，ＡとＣとが共犯であるということに矛盾する．

以上より肢②を否定すると矛盾が生じるのであるから，肢②は正しくなければならない．よって与えられた条件から結論できることは②である．

【解説２】

犯人であるか，犯人でないかの２つの状態を５人について考えると全部で２の５乗，すなわち32通りの状態がありえる．これをすべて表に書き出し，与えられた条件からありえないケースを消していくことにより，答を求める方法がある．手間がかかることと，途中で一カ所間違えると修復が効かないところに問題があるが，確実な方法ではある．次のページににその表を示す．

○が犯人，空欄が犯人でないことを表す．網掛け部が除外されるケースである．

次ページの表を視察して，次のように判断する．

①ＡとＤが共犯…… 5，6，13 の場合がありうる
③ＣとＤが共犯…… 17，18，25，26 の場合がありうる
④ＣとＥが共犯…… 17，25 の場合がありうる
⑤ＢとＥが共犯…… 5，17 の場合がありうる
②ＡとＣとが共犯… 可能な場合はない．

以上より，②が結論できる．

状態	A	B	C	D	E	除外理由
1	○	○	○	○	○	イ，ロ
2	○	○	○	○		イ，ロ
3	○	○	○		○	イ，ニ
4	○	○	○			イ
5	○	○		○	○	
6	○	○		○		
7	○	○			○	ニ
8	○	○				
9	○		○	○	○	ロ
10	○		○	○		ロ，ハ
11	○		○		○	ニ
12	○		○			ハ
13	○			○	○	
14	○			○		ハ
15	○				○	ニ
16	○					ハ
17		○	○	○	○	
18		○	○	○		
19		○	○		○	ニ
20		○	○			
21		○		○	○	
22		○		○		
23		○			○	ニ
24		○				
25			○	○	○	
26			○	○		
27			○		○	ニ
28			○			
29				○	○	
30				○		
31					○	ニ
32						

人に魚を与えれば
一日で食べてしまうが,
人に釣りを教えれば
一生食べていける.

老子
(古代中国の哲学者)

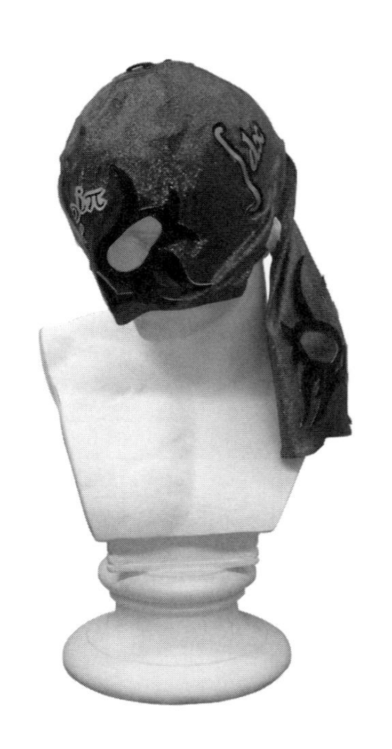

第３章

三段論法の特訓

3―1 「pならばq」の5つの解釈

本章の内容を深く理解するためには，「ｐならばｑである」という命題の解釈について深く検討していくことが必要である．そこで，本稿では「適性試験バイブル2003年度完全版」（辰已法律研究所）P223～225より，該当部分を再録することとしよう．

（２）「p ならば q」の解釈

「p ならば q である」という命題は，見方によっていろんな解釈ができる。問題によっては，別の解釈で把握すると，物事が整理されることもある。

<解釈１>「p であることが分かっている物（場合）について，q であるという情報を追加する」

言葉通りにとらえた，最も基本的な解釈である。重要なのは，「p であることが分かっている物」についての情報にはなるが，「q であることが分かっている物」についてなんら新たな情報は追加しない，ということである。

<解釈２>「p である物（場合）の集合は，q である物（場合）の集合に含まれる」

集合の包含関係としてとらえた解釈である。

<解釈３>「p であることは q であるための十分条件である」「q であることは p であるための必要条件である」

互いの成立条件とみなした解釈である。どちらが必要条件でどちらが

十分条件かを間違いやすいので，要注意。

<解釈4>「pであり，かつ，qでない可能性の排除」

なにも情報がない状態を，あらゆる可能性を秘めた状態であると考えるなら，情報とは，「可能性を絞り込むためのもの」と解釈することができる。したがって，「pならばqである」という命題を情報とみなすなら，この命題によってどのような可能性が排除されるかと考えるのは非常に本質的な見方である。実用的にも，本問のように複数の条件が絡んだ情報を厳密に把握する必要がある場合には，解法２や解法３のように，どのような可能性が排除されるかという見方は大変有用である。

<解釈5>「(全ての物，場合において) pでないか，またはqである」

これは，解釈４の裏返しであり，「pならばq」が成立する場合に許される可能性を全て挙げたものである。ある命題が成立するという条件に対して，「かつ」「または」等の論理演算を行うような問題においては，この見方ができるかどうかが成否を分ける可能性がある。ド・モルガンの法則（第11問解説参照）を知っていれば，解釈４と解釈５が論理的に等価であることはわかるが，応用のためには，別な解釈としてとらえ直しておくことも重要である。

（３）「対偶」の利用

前述のように，ある命題の対偶はもとの命題と等価なので，これを利用し，**与えられた命題を対偶に書き換えてみる**ことにより，見通しがよくなることが多い。前述の解釈１に即して考えると，「pならばqである」という命題は「pであるもの」についての情報は提供するが，「qであるもの」についての情報は提供しない。しかしこの命題の対偶をとると，「qでないならばpでない」となり，これは解釈１により「qでないもの」についての情報を提供することになる。言い換えると，「pならばqである（＝qでないならばpでない)」という命題は，pについての命題であると同時にqについての命題でもある。

このように，対偶をとって命題についての解釈を膨らますことは，三段論法を繰り返して推論を行うような問題で，どの命題を組み合わせれば推論が進められるかを把握する場合などに大変有用である。そして，今回の第5問の解法1のように，命題を比較する場合に前提を合わせる場合にも使われる。

このことをふまえ,「p ならば q である」の各解釈について，対偶も含めて整理し直すと，次のようになる。

＜解釈1'＞

「p であることが分かっている物（場合）について，q であるという情報を追加する」

「q でないことが分かっている物（場合）について，p でないという情報を追加する」

＜解釈2'＞

「p である物（場合）の集合は，q である物（場合）の集合に含まれる」

「q でない物（場合）の集合は，p でない物（場合）の集合に含まれる」

＜解釈3'＞

「p であることは q であるための十分条件である」

「q であることは p であるための必要条件である」

「q でないことは p でないための十分条件である」

「p でないことは q でないための必要条件である」

＜解釈4'＞

「p であり，かつ，q でない可能性の排除」

＜解釈5'＞

「（全ての物，場合において）p でないか，または q である」

（解釈4，5については，対偶をとっても同じである）

本章では「p ならば q 」にかかわるいくつかの問題例に対し，上記の5つの解釈を用いた多角的な検討を行っていくので，必要に応じて上記を参照してください.

3—2 命題間の論理関係
試行テスト第9問の検討

大学入試センター・試行テストより，第９問を検討してみましょう．

次のＡとＢの相互の論理的関係として，正しいものを下の①〜⑤のうちから一つ選べ．

Ａ　スーパーマーケットで，長時間店にいて，しかもカートを使用する客は，たくさん買物をする．
Ｂ　スーパーマーケットで，たくさんの買物をしない客は，カートを使用しない．

① Ａが正しいとき，必ずＢも正しい．また，Ｂが正しいとき，必ずＡも正しい．
② Ａが正しいとき，必ずＢも正しい．しかし，Ｂが正しいときに必ずＡも正しいとはかぎらない．
③ Ｂが正しいとき，必ずＡも正しい．しかし，Ａが正しいときに必ずＢも正しいとはかぎらない．
④ Ａの正しさとＢの正しさは，論理的に無関係である．
⑤ Ａの正しさとＢの正しさは，論理的に両立しない．

（2002 大学入試センター作成・法科大学院適性試験試行テスト）

A，Bはともに，スーパーマーケットにおいて「p である客は q である」ことを主張しています．ここでの p および q は，スーパーマーケットに来客する客についての性質を述べています．

いま，「 p である客は q である」という主張が正しいとき，これは次のことを意味しています．

＜解釈１＞
「p であることがわかっている客にき，q であるという情報を追加する」

字句通りの基本的な解釈であり，「 p ならば q 」で言い換えることのできるケースであることがわかります．

＜解釈２＞
「 p である客の集合（P）は，q である客の集合（P）に含まれる」

集合の包含関係としてとらえた解釈であり，図示すれば次のようになります．

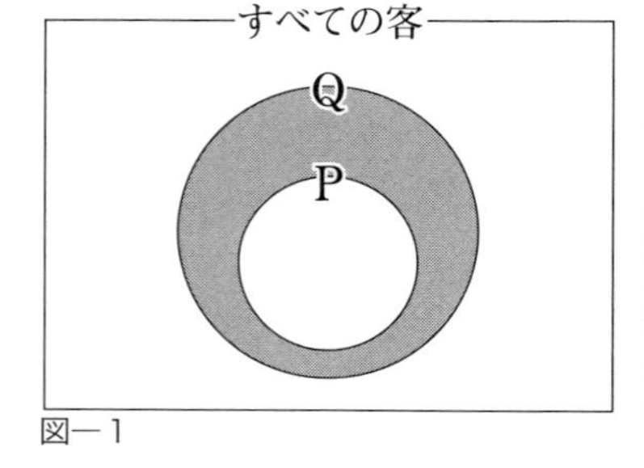

図－１

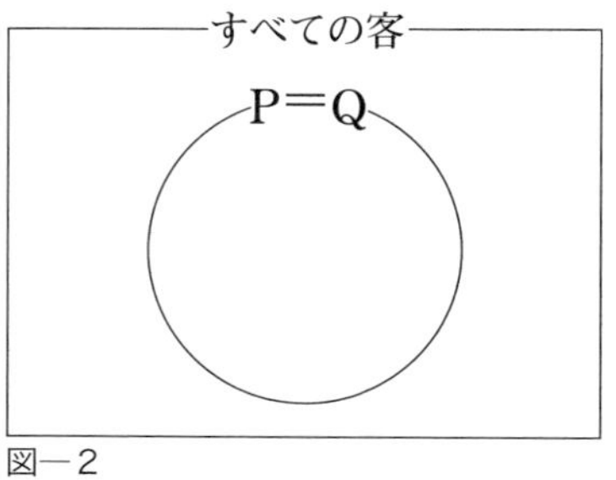

図－２

図－１のケースと図－２のケースが考えられますが，図－２のケースをいちいち区別して検討しなければならない，ということはありません．図－１の斜線部に該当する客が存在しないとき，特に図－２になると考えればよいので，その意味では図－１が図－２を特殊ケースとして含んでいるといえます．このようにベン図を用いて問題を考える場合，図－１だけをもって図－２が含まれていると理解する必要があります．言い換えると，図－１の斜線部が現に面積を有していても，この部分が実は空っぽ（「空集合」といいます）であるかもしれない，というところまで想像力を働かさなければなりません．ベン図を用いて解く場合には，この辺りまでの注意力・想像力を必要とするのです．一見するとわかり易く見えるかもしれませんが，注意しなければなりません．

＜解釈３＞

「p であることは q であるための十分条件である」

「q であることは p であるための必要条件である」

互いを成立条件とみなした解釈です．どちらが十分条件で，どちらが必要条件か，混乱しないように気をつけてください．

p（十分条件）　ならば　q（必要条件）

＜解釈４＞

「p であり，かつ q でない客がいない」ことを表す．

客について，p であるか否か，また q であるか否かという属性を考えると，すべての客は２×２＝４通りに分類することができます．

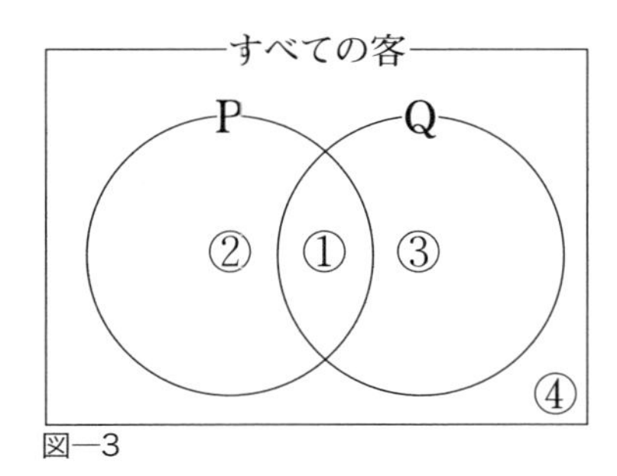

図—3

	p	q
①	○	○
②	○	×
③	×	○
④	×	×

図—4

この４つの可能性を図示するなら，ベン図の場合は図−３，真偽表らしく書けば図−４のようになります．①〜④の４つの「場合」が，図−３，図−４においてそれぞれ対応しています．

ここで，何も情報がない状態を，あらゆる可能性を秘めた状態であると考えるとき，情報とは「可能性を絞り込むためのもの」と解釈することができます．したがって，「p ならば q である」という命題を情報とみなすなら，この命題によってどのような可能性が排除されるのかを考えることは，非常に本質的な見方であるといえます．ここでは，

「p であり，かつ q でない客（つまり②の客）がいない」

という解釈により，①～④の可能性のうちの②が排除されているとみなします．ベン図なら，次のような理解です．

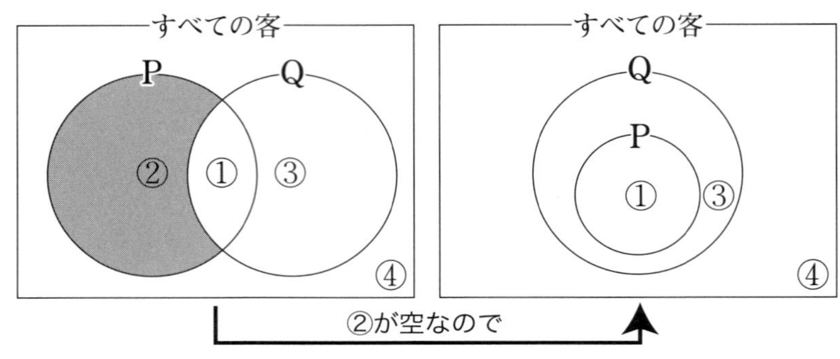

図―5

表で見るなら，次のようになります．「あり得る」とは「存在」を前提としないことに注意してください．

図―6

	p	q	可能性
①	○	○	あり得る
②	○	×	ない
③	×	○	あり得る
④	×	×	あり得る

←②の可能性排除

図－6は，次の真偽表（図－7）と重なりますね．

図―7

	p	q	p ならば q
①	T	T	T
②	T	F	F
③	F	T	T
④	F	F	T

<解釈５>

「すべての客は，p でないか，または q である」

ベン図でいうと，次のようになります．

図―8

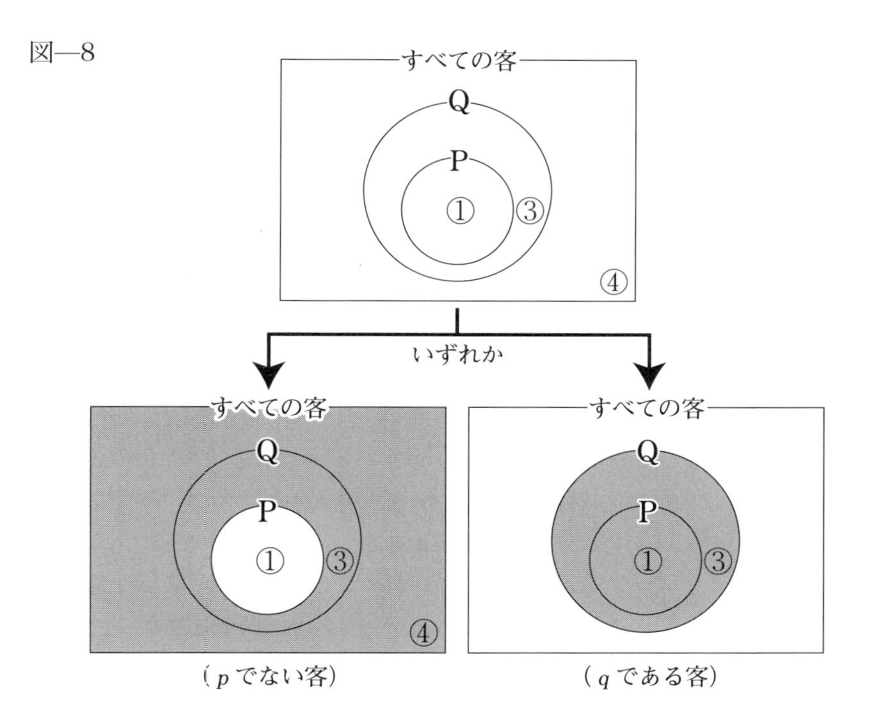

図－８に見られる客①，③，④について，どの客を１人選んでも，

p でない客……③，④

q である客……①，③

のいずれかに属していることがわかります．次の図－９と比べてみましょう．

図—9

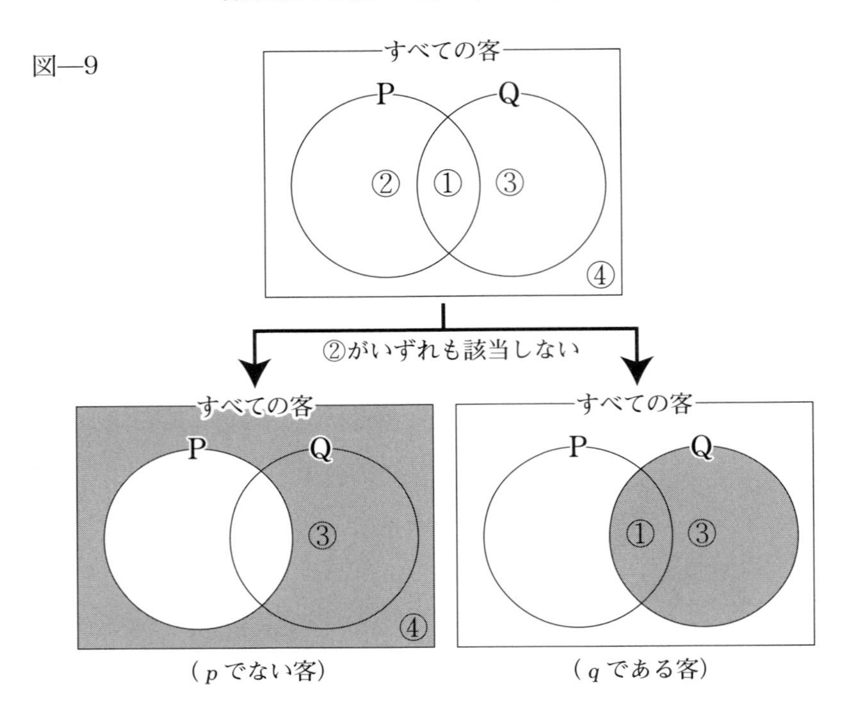

図－９のように①～④のすべての可能性が残っている場合，

p でない客……③，④

q である客……①，③

によって，すべての可能性を覆い尽くすことはできません．

さて，話が長くなってしまいました．スーパーマーケットの話に戻りましょう．いま，５つの解釈を提示しましたが，これから問題を解くにあたり，５つの考え方を順に紹介してみることにします．

<解釈１に基づく解き方>

まず，命題A，Bそれぞれの対偶を作ってみましょう．

A「スーパーマーケットで，長時間店にいて，しかもカートを使用する客は，たくさん買物をする」

Aの対偶は,

A’「スーパーマーケットで，たくさんの買物をしない客は，長時間店にいないか，またはカートを使用しない」

続いて,

B「スーパーマーケットで，たくさんの買物をしない客は，カートを使用しない」

Bの対偶は,

B’「スーパーマーケットで，カートを使用する客は，たくさんの買物をする」

となります．ここで，A’とBに注目してみましょう．というのも，A’，Bはともに「たくさん買物をしない客」について，情報を追加しているからです．

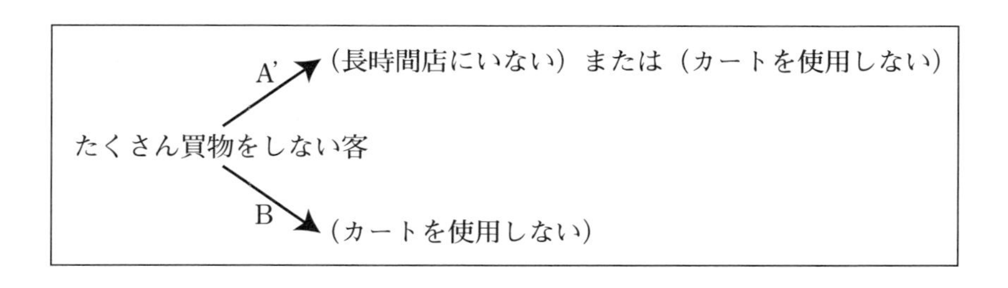

情報を追加された部分に注目すると,

(長時間店にいない）または（カートを使用しない）……A’の追加情報

(カートを使用しない)　……………………………………Bの追加情報

一見すると，BよりもA’の方が多くの情報を追加されたように見えますが，そのように考えると誤りのもとになりがちです．情報によって制限を受けることを考えれば，A’の追加情報の方が，Bの追加情報よりも制限は緩いといえます．なぜなら，例えば「長時間店にいないが，カートは使用する客甲氏」を想定してみると，甲氏はA’の追加情報には含まれるものの，Bの追加情報の制限する範囲に含まれないのです．

すると，より狭い（厳しい）制限を付加するときには，より緩い制限をも満たしている，という原則から,

　　Bが正しいとき，必ずA’も正しい．
ということがわかります．
　しかし，A’が正しいときに必ずＢも正しいとはかぎらない
といえます．先に検討した甲氏が，この反例にあたります．よって，対偶A’をもとのAに読み替えることで正解は③とわかります．
　念のため，他の選択肢の検討もしておきます．

①　正しくない
　Aが正しいとき，必ずBが正しいとはいえない．例えば，たくさん買い物をしない客のうちカートを使うが長時間店にいない者は，A’を満たすがBを満たさない．よって，Aが正しいとき，必ずBも正しいとはいえない．
よって，本選択肢は正しくない．
②　正しくない
　①と同様である．Aが正しいとき，必ずBも正しいとはいえない．よって，本選択肢は正しくない．
③　正しい
　Bが正しいとき，必ずAは正しいといえる．Ｂは，たくさん買い物をしない客は，カートを使用しないといっているのだから，たくさん買い物をしない客は，「長時間店にいないか，またはカートを使用しない」と必ずいえる（A’）．なお，後段についても正しい（①，②の解説参照）．よって，本選択肢は正しい．
④　正しくない
　③より，Bが正しいとき，必ずAも正しいといえることがわかる．とすれば，Ａ・Bが論理的に無関係とはいえない．よって，本選択肢は正しくない．
⑤　正しくない
　これも③が正しい以上，Ａ・Bが論理的に両立しないとはいえない．よって，本選択肢は正しくない．

＜解釈２に基づく解き方＞

ベン図を用いる考え方です.

A「長時間店にいて，しかもカートを使用する客は，たくさん買物をする」

長：長時間店にいる客の集合

カ：カートを使用する客の集合

た：たくさん買物をする客の集合

と表示することにしましょう.「p ならば q」を「p の集合は q の集合に含まれる」と解釈すると次のように図示できます.

図—10

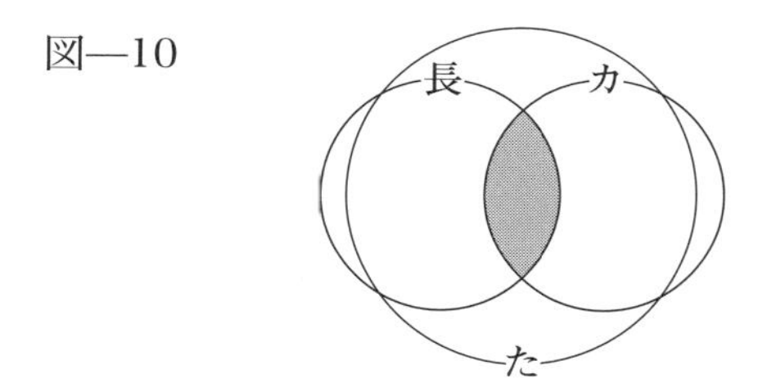

斜線部（長かつカ）が（た）に含まれるということです. しかし，このケースを表現する図は図–10 ばかりではありません.

図—11

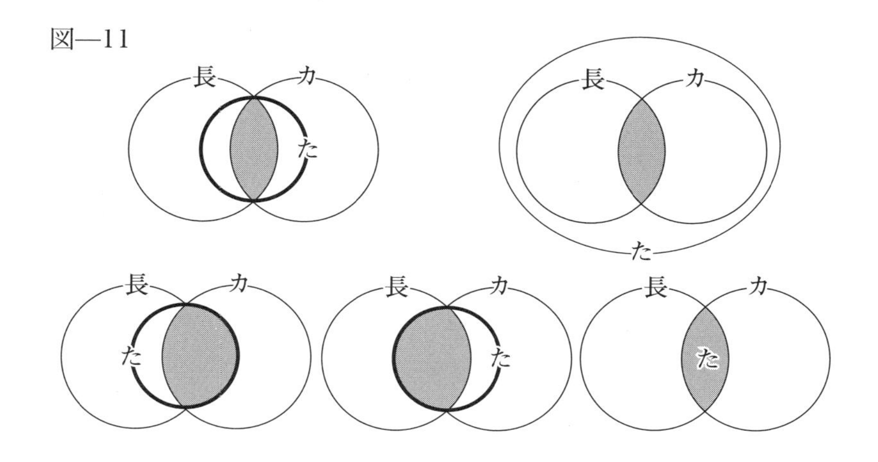

図–11にあげたような５種の関係も，すべて「Aが正しい場合」となってしまうのです．しかしこれらはいずれも，図–10に示された部分のいずれかが空集合である特殊な場合なので，図–10に代表させてしまいます．

では，次にBを検討しましょう．

B「たくさんの買物をしない客は，カートを使用しない」

$\overline{\text{た}}$ ：たくさんの買物をしない客の集合

$\overline{\text{カ}}$ ：カートを使用しない客の集合

と定めれば，図–12のようになります．

図—12

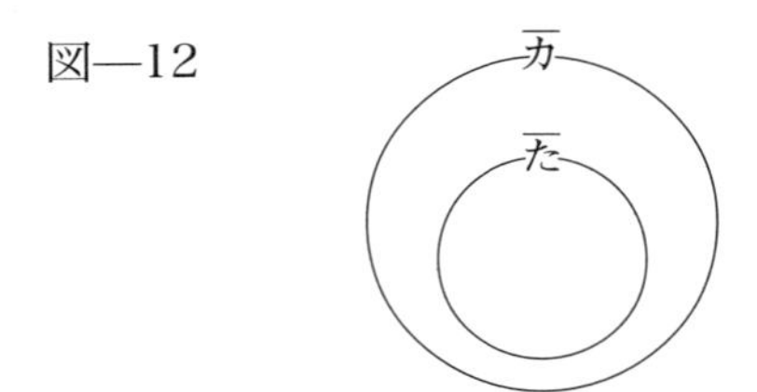

しかし，ここで図–10と図–12を見比べることでAとBの論理的関係がわかるか，というとさっぱりわかりません．B（図–12）は $\overline{\text{た}}$ についての包含関係が表示されているのに対し，A（図–11）ではたについての包含関係が表示されているので，比べようがないのです．

そこで，次にAの対偶A’を考えます．

A’「たくさん買物をしない客は，長時間店にいないか，またはカートを使用しない」

集合の関係は図–13のようになります．

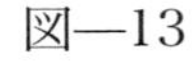
図—13

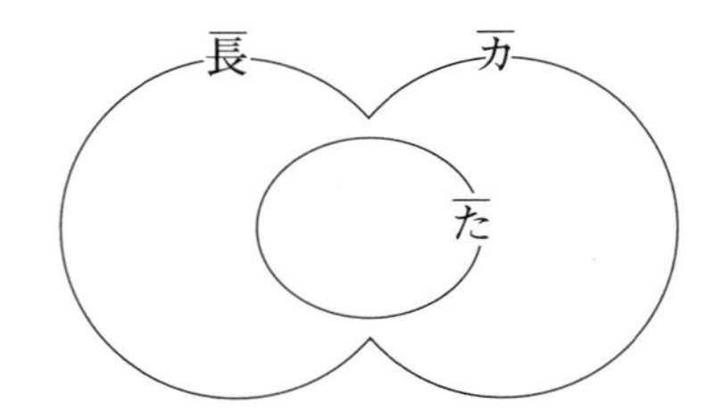

図−13は，次の図−14の各場合のいずれをも含んでいることに注意してください．

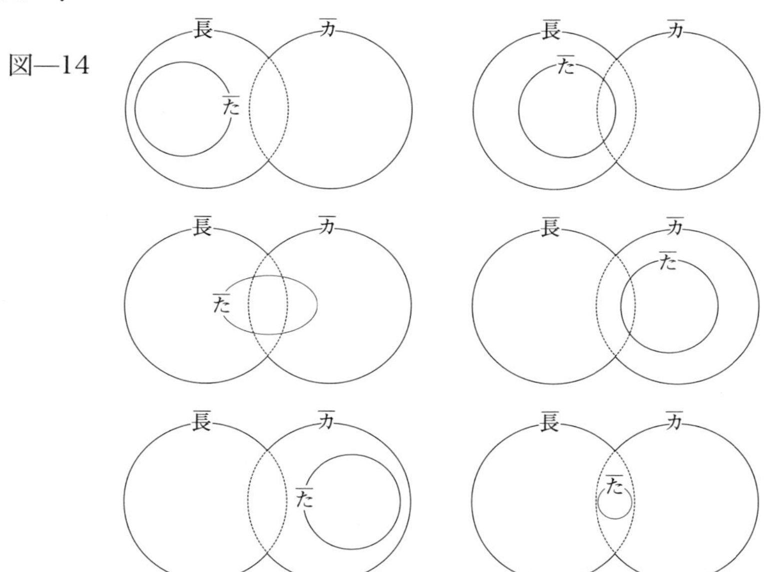

現実には，図−14のすべての場合を想定することはできませんね．

そこで，ともに $\overline{た}$ の包含関係について述べているA’（図−13）とB（図−12）とを比較します．

図—15

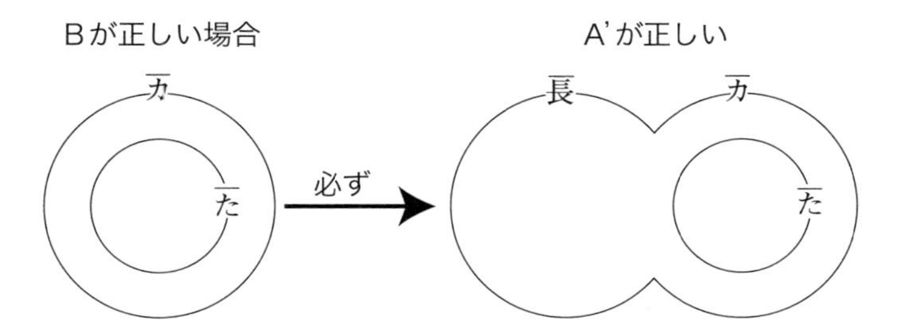

図–15により，Ｂが正しいとき，必ずA’（＝A）も正しい（③の前段）が成り立つことがわかります．しかし，A’（＝A）が正しいとき，必ずしもＢが正しいとはかぎりません．（③の後段）

というのも，図–14のうちの３つの例が反例となります．

図—16

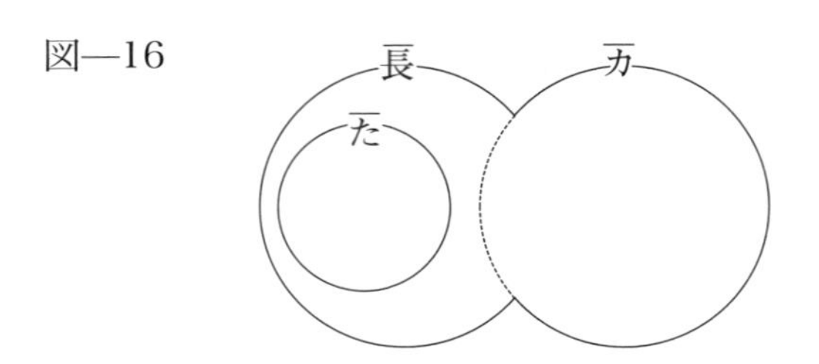

極端なケースとして，図–16の場合，A’（＝A）は正しくなりますがＢは正しくありません．

以上のように考え，③が正解とわかります．

＜解釈３に基づく解き方＞

必要条件と十分条件の関係に留意する解き方です．

長，カ，たなどの記号については＜解釈２に基づく解き方＞と同様とします．

Ａ：長かつカ　→　た

Ａの対偶A’：$\overline{た}$　→　$\overline{長}$ または $\overline{カ}$

Ｂ：$\overline{た}$　→　$\overline{カ}$

ここで，条件「$\overline{長}$ または $\overline{カ}$ 」と「 $\overline{カ}$ 」の関係を考えてみると，

「 $\overline{長}$ または $\overline{カ}$ 」は「 $\overline{カ}$ 」であるための必要条件となっている．すなわち，

$\overline{カ}$　→　$\overline{長}$ または $\overline{カ}$

（十分条件）　（必要条件）

よって，

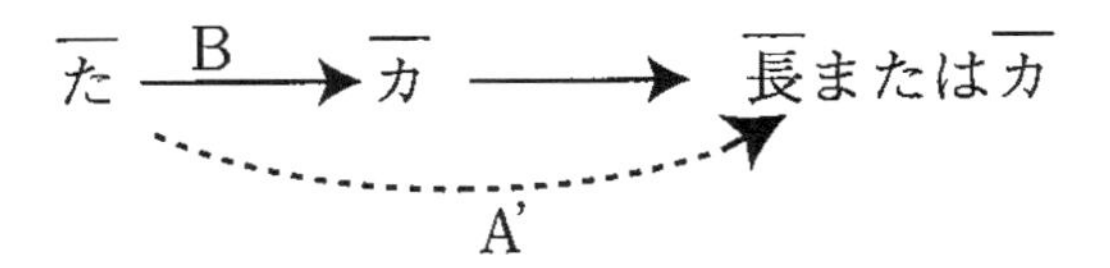

このようになるので，Ｂが正しいとき，必ずA'（＝Ａ）も正しい.
では逆に，A'（＝Ａ）が正しいとき，Ｂが正しいといえるか.

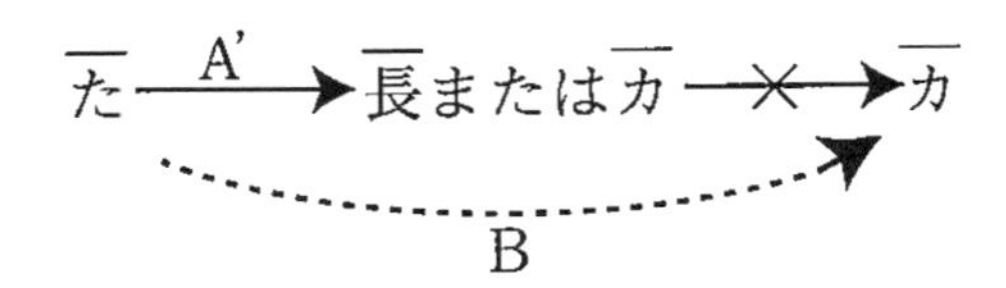

「 $\overline{\text{長}}$ または $\overline{\text{カ}}$ 」は「 $\overline{\text{カ}}$ 」であるための十分条件とはいえないので，A'（＝Ａ）が正しいときに必ずＢが正しいとはかぎらない.
よって，肢③が正解となる.

<解釈４に基づく解き方>

情報の排除の考え方です.「p ならば q」は「p かつ $\overline{q}$」を排除する命題（情報）とみるのです.

スーパーマーケットの客について
長時間店にいるか否か
（長についての○×）
カートを使用するか否か
（カについての○×）
たくさんの買物をするか否か
（たについての○×）
によって，すべての可能性については
2×2×2 ＝８通りが想定できます.

図―17

	長	カ	た
①	○	○	○
②	○	○	×
③	○	×	○
④	○	×	×
⑤	×	○	○
⑥	×	○	×
⑦	×	×	○
⑧	×	×	×

図−17に示した①〜⑧について，ＡおよびＢの命題が正しいときに排除される場合は何でしょう．

Ａ「（長　かつ　カ）ならば　た」

が正しいときに排除されるのは，

（長　かつ　カ）ならば　$\overline{\text{た}}$

図—18

	長	カ	た
②	○	○	×

すなわち②が排除されます．次に

Ｂ「$\overline{\text{た}}$　ならば　$\overline{\text{カ}}$」

が正しいときに排除されるのは

$\overline{\text{た}}$　かつ　$\overline{(\overline{\text{カ}})}$

すなわち，

$\overline{\text{た}}$　かつ　カ

の場合ですから，次のケースです．

図—19

	長	カ	た
②	○	○	×
⑥	×	○	×

すなわち，②と⑥が排除されます．残る可能性でみると，

Ａ　……　①，③，④，⑤，⑥，⑦，⑧

Ｂ　……　①，③，④，⑤，⑦，⑧

となりますから，Ｂが正しくなる６つのケースのとき，すべてＡも正しくなることがわかります．また，Ａが正しくても⑥のケースについてはＢが正しくないことがわかるので，肢③が正解とわかります．

＜解釈５に基づく解き方＞

具体的には真偽表を作成します．

「p ならば q」が正しいとき

「すべての客は $\overline{p}$ または q である」ので，図−７のように真偽表を作るのでした．命題Ａ，Ｂについて順に検討しましょう．

Ａ「（長　かつ　カ）ならば　た」

＝「すべての客は（$\overline{\text{長かつカ}}$）または　た」

＝「すべての客は（$\overline{\text{長}}$　または　$\overline{\text{カ}}$）または　た」

Ｂ「$\overline{\text{た}}$ ならば　$\overline{\text{カ}}$」

＝「すべての客は $\left(\overline{\overline{\text{た}}}\right)$ または $\overline{\text{カ}}$」

＝「すべての客は　た　または $\overline{\text{カ}}$」

それぞれの真偽は，次のように決まります．

図—20

	長	カ	た	A	B	
①	T	T	T	T	T	
②	T	T	F	F	F	← A,BともF
③	T	F	T	T	T	
④	T	F	F	T	T	
⑤	F	T	T	T	T	
⑥	F	T	F	T	F	← BのみF
⑦	F	F	T	T	T	
⑧	F	F	F	T	T	

あとは，解釈４のときと同様です．

Ｂが真（Ｔ）であるすべての場合（①，③，④，⑤，⑦，⑧）にＡも真となるが，Ａが真となる⑥の場合はＢが真にならない．

つまり，

肢③　Ｂが正しいとき，必ずＡも正しい．

　　しかし，Ａが正しいときに必ずＢも正しいとはかぎらない．

が正解となります．

3—3 条件の連鎖
試行テスト第11問の検討

今度は，大学入試センター試行テストより，第11問を検討します．適性試験初年度の講座で取り扱いましたが，受講生の方から質問が多かった問題です．

30人の学生を対象に試験を行った．試験は全部で五つの問題からなる．その結果について次のア～ウが分かった．これについて下の問１・２に答えよ．

ア　第１問に正解した学生は全員，少なくとも第２問か第３問のどちらかを間違えていた．
イ　第３問か第５問の少なくともどちらかを間違えた学生は全員，第２問には正解していた．
ウ　第３問を間違えた学生は全員，第4問に正解していた．

問１　ア～ウから正しく推論できることを次の①～⑤のうちから一つ選べ．

①　第１問に正解し，第４問を間違えた学生は全員，第2問を間違えていた．
②　第４問を間違えた学生は全員，第１問も間違えていた．
③　第４問を間違えた学生は全員，第１問には正解していた．
④　第２問に正解した学生は全員，第４問にも正解していた．
⑤　第２問を間違えた学生は全員，第４問も間違えて，第５問に正解していた．

問２　ア～ウに加えて，どのような事実が判明すれば，そこから次のAが正しく推論できるか．適当なものを下の①～⑤のうちから一つ選べ．

Ａ　第１問に正解した学生は全員，第５問にも正解していた．

①　第１問に正解した学生は全員，第３問を間違えていた．
②　第４問に正解した学生は全員，第１問を間違えていた．
③　第４問を間違えた学生は全員，第２問には正解していた．
④　第３問に正解した学生は全員，第１問にも第５問にも正解していた．
⑤　第１問に正解し，かつ，第５問を間違えた学生は全員，第４問に正解していた．

（2002 大学入試センター作成・法科大学院適性試験試行テスト）

本問は前問（試行テスト第９問）と比べて複雑なので，５種類の考え方のいずれをとるかによって，必要な手続きの数がずいぶんと変わってきます．

<解釈１>　情報の追加の考えで要領よく解くことは難しいでしょう．

<解釈２>　ベン図を用いる方法も困難です．

前問で検討したように，集合同士の関わり方は多様であるし，本問のように第１問～第５問までの５つの属性をもつものをベン図で考えることは危険です．

そこで，本問では<解釈３>～<解釈５>による解法を検討してみることにします．

<解釈３>に基づく解き方

第１問に正解したことを１，第１問を間違えたことを $\overline{1}$ のように表します．

わかった事実ア～ウをまとめると，

ア　　１　→　$\overline{2}$ または $\overline{3}$

イ　$\overline{3}$ または $\overline{5}$ → 2

ウ　$\overline{3}$ → 4

また，ア〜ウの各々の対偶をア'〜ウ'とすると，

ア'　２かつ３ → $\overline{1}$

イ'　$\overline{2}$ → ３かつ５

ウ'　$\overline{4}$ → 3

問１　ア〜ウおよびア'〜ウ'を用いて正しく推論できるかどうか，肢ごとに検討してみましょう．

肢①　１かつ$\overline{4}$ → $\overline{2}$ を導けるか．

「１かつ$\overline{4}$ → １」，「１かつ $\overline{4}$ → $\overline{4}$ 」がいずれもいえるので，

アおよびウ'が使えます．

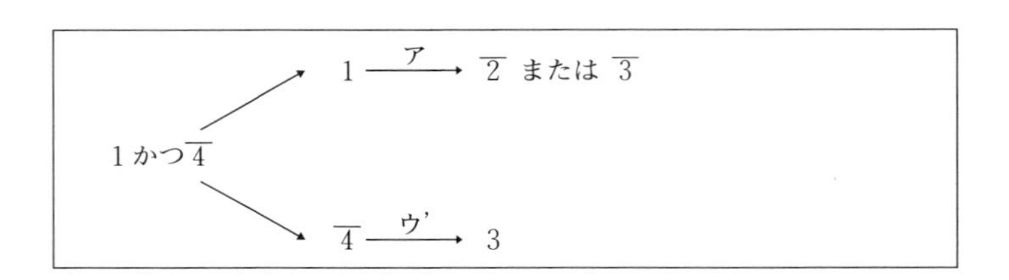

つまり，第１問に正解し，第４問を間違えた学生は全員，「第２問か第３問の少なくともどちらかを間違え」かつ「第３問に正解」していたといえます．この学生は第３問には正解しているのですから，間違えた問題は第２問であるはずです．つまり，

（$\overline{2}$ または $\overline{3}$ ）かつ３ → $\overline{2}$

となり，１かつ$\overline{4}$ → $\overline{2}$ を導くことができました．

肢①は正解です．

ここで正解肢と出合ってしまいましたが，念のため肢②が導けないことを確かめてみましょう．

肢②　$\overline{4}$　→　$\overline{1}$　が導けるか.

まずウより$\overline{4}$　→　3　がいえますが，第３問を正解した学生についての使える事実はもう見あたりません．ア’が使えるか，というとそれは無理です．ア’は「第２問，第３問をともに正解した学生」についての情報しか与えられないからです．第２問の正否が不明なので，使えません．

よって，肢②は導くことができません．

肢③～⑤については省略します．

問２　これも，肢①から順に検討します．

推論したいことがら　A：1→5

肢①　1　→　$\overline{3}$　が判明したときAを導けるか.

1　→　$\overline{3}$　→　（$\overline{3}$ または$\overline{5}$）　→イ　2

までは導けますが，ここから５を導くことのできるルールは見あたりません．

肢②　4　→　$\overline{1}$　が判明したときAを導けるか.

②の対偶②’：1→$\overline{4}$　が使えそうです.

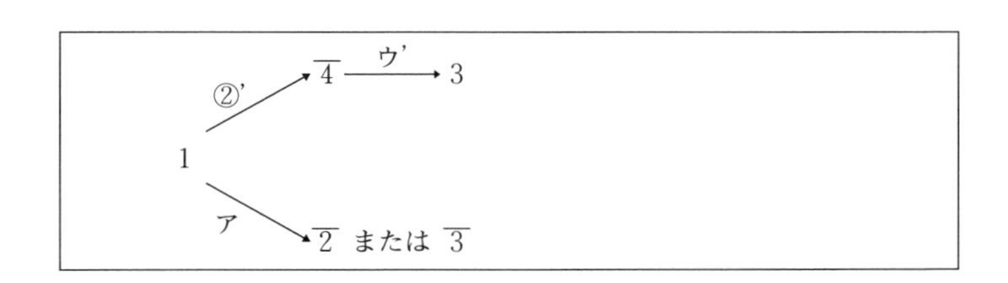

第１問に正解した学生については「３」かつ「$\overline{2}$ または $\overline{3}$」といえるので，問１と同様の選言三段論法により $\overline{2}$ といえます．つまり，

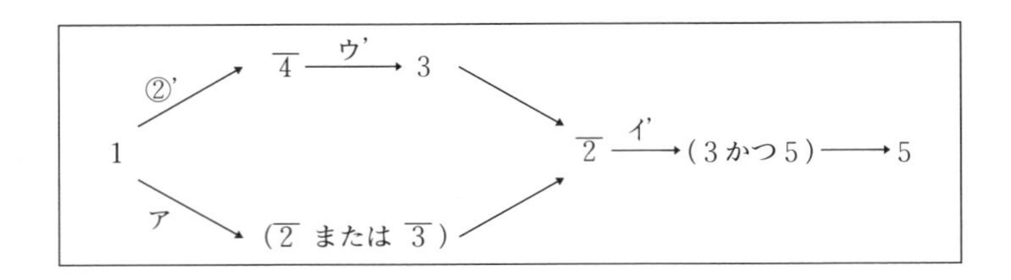

よって，A：①→5　を導くことができました．肢②が正解です．
肢③～⑤については省略します．

<解釈４>に基づく解き方
情報の排除の考えです．

本問は「Ａであるものは B である」という形式の複数の情報から導出される，同形式の新たな情報について問う問題である．一般に「情報」とは，「その情報と合致しない可能性を排除するもの」と理解することができる．複数の情報から別の情報を抽出する問題の場合，各情報によってどのような可能性が排除されたかに着目して整理すると理解しやすい．特にこの形式の情報の場合，「Ａであるものは B である」ことと「Ａであって B でないものは存在しない」ことは同値であることを利用し，この情報により「Ａであって B でない」ものが存在する可能性が排除されると考える．

まず，ア～ウの情報を，上記のように「Ａであって B でないものは存在しない」という形に書き直すと，次のようになる．

ア　第１問に正解し，第２問・第３問のいずれも間違えなかった学生は存在しない

イ　第３問か第５問の少なくともどちらかを間違え，第２問に正解しなかった学生は存在しない

ウ　第３問を間違え，第４問に正解しなかった学生は存在しない

本問では「正解しない＝間違える」「間違えない＝正解する」であると考えてよいと思われるので，上記をさらに言い換えると次のようになる．

ア　第１問・第２問・第３問のいずれも正解した学生は存在しない．

イ　第３問か第５問の少なくともどちらかを間違え，第２問を間違えた学生は存在しない
ウ　第３問・第４問のいずれも間違えた学生は存在しない
イについては，さらに次のような言い換えが可能である．
イ　第３問・第２問のいずれも間違えた学生も，第５問・第２問のいずれも間違えた学生も存在しない
この，各情報によって排除された可能性について表で整理しておく．下表の各行にあてはまるような学生は存在しないことが，これらの情報からわかるのである．

表１：各情報によって排除される可能性

情報		第1問	第2問	第3問	第4問	第5問
ア	a	○	○	○	?	?
イ	b	?	×	×	?	?
	c	?	×	?	?	×
ウ	d	?	?	×	×	?

凡例　○：正解　×：不正解　?：どちらでもかまわない

問１
本問は，ア～ウの情報から導出される情報を①～⑤から選ぶものであるから，前の準備同様，①～⑤の情報がそれぞれどのような可能性を排除するものかを調べ，ア～ウの情報からその可能性が排除されることが言えるかどうかを調べればよい．
以下，①～⑤を言い換え，これらにより排除される可能性を表で整理する．
①第１問に正解し，第４問を間違え，第２問を正解した学生は存在しない
②第４問を間違え，第１問を正解した学生は存在しない
③第４問を間違え，第１問を間違えた学生は存在しない
④第２問に正解し，第４問を間違えた学生は存在しない

⑤第２問を間違え，（第４問に正解したか第５問を間違えるか）であった学生は存在しない
＝第２問を間違え第４問に正解した学生も，第２問・第５問のいずれも間違えた学生も存在しない

表２：問１の各選択肢の情報が排除する可能性

選択肢		第1問	第2問	第3問	第4問	第5問
①	e	○	○	?	×	?
②	f	○	?	?	×	?
③	g	×	?	?	×	?
④	h	?	○	?	×	?
⑤	i	?	×	?	○	?
	j	?	×	?	?	×

これをもとに，各肢について検討する．

① 正しく推論できる

本肢が正しく推論されるためには，表２のｅ行に示す「第１問・第２問に正解し，第４問を間違えた可能性」が情報ア〜ウにより完全に排除されねばならない．情報ア（表１のａ行）より第１問・第２問・第３問すべてに正解した可能性が排除されるので，ｅ行の可能性のうち「第１問・第２問・第３問に正解し，第４問を間違えた可能性」は消える．残るは「第１問・第２問に正解し，第３問・第４問を間違えた可能性」であるが，これは情報ウ（表①のｄ行）により完全に排除できる．したがって，本肢は情報ア〜ウにより正しく推論できる．

なお，この考察を表１・表２の「○×？」を使って行う方法を以下に示す．

ｅ：「○○？×？」←排除すべき可能性

ａ：「○○○？？」←情報アで排除できる可能性

ｅをａに含まれる部分と含まれない部分に分解

ｅ１「○○○×？」←ａに含まれる部分（情報アで排除できる部分）
ｅ２「○○××？」←ａに含まれない部分（情報アで排除できない部分）
ｄ：「？？××？」←情報ウで排除できる可能性
ｅ２はｄに含まれるので，ｅはａとｄにより完全に排除できることがわかる．

② 正しく推論できない

本肢が正しく推論されるためには，表２のｆ行に示す「第１問に正解し，第４問を間違えた可能性」＝「○？？×？」が情報ア〜ウにより完全に排除されねばならない．これを表１と見比べると，「○×○×○」の可能性がａ〜ｄのいずれにも含まれていないことがわかる．つまり，ア〜ウによって，第１問・第３問・第５問に正解し，第２問・第４問を間違えた可能性が排除できない（すなわちア〜ウのいずれも矛盾しない）ため，これが反例となり本肢は正しく推論されないことがわかる．

③ 正しく推論できない

本肢が正しく推論されるためには，表２のｇ行「×？？×？」が情報ア〜ウにより完全に排除されねばならない．これを表１と見比べると，例えば「×○○×○」の可能性がａ〜ｄのいずれにも含まれていないことがわかる．つまり，第２問・第３問・第５問に正解し，第１問・第４問を間違えた場合は，ア〜ウとは矛盾せず本肢とは矛盾するため，本肢は正しく推論されないことがわかる．

④ 正しく推論できない

本肢が正しく推論されるためには，表２のｈ行「？○？×？」が情報ア〜ウにより完全に排除されねばならない．これを表１と見比べると，例えば「×○○×○」の可能性がａ〜ｄのいずれにも含まれていないことがわかる．つまり，第２問・第３問・第５問に正解し，第１問・第４問を間違えた場合は，ア〜ウとは矛盾せず本肢とは矛盾するため，本肢は正しく推論されないことがわかる．

⑤ 正しく推論できない

本肢が正しく推論されるためには，表２のｉ行「？×？○？」及びｊ行「？×？？×」が情報ア〜ウにより完全に排除されねばならない．これを表１と見比べると，表２ｊ行は表１ｃ行と一致し排除できるので，表２ｉ行に着目すると，例えば「××○○○」の可能性がａ〜ｄのいずれにも含まれていないことがわかる．つまり，第３問・第４問・第５問に正解し，第１問・第２問を間違えた場合は，ア～ウとは矛盾せず本肢とは矛盾するため，本肢は正しく推論されないことがわかる．

問２

本問は，ア～ウの情報に①～⑤のうちどの情報を付け加えればＡが導出できるかを選ぶものであるから，Ａが排除する可能性のうちア～ウにより排除できない範囲を特定し，その範囲を①～⑤のうちどれが完全に排除できるかを調べればよい．

まず前準備として，まずＡおよび①～⑤の情報がそれぞれどのような可能性を排除するものかを調べる．

表3：問2の各選択肢の情報が排除する可能性

選択肢		第1問	第2問	第3問	第4問	第5問
A	k	○	?	?	?	×
①	l	○	?	○	?	?
②	m	○	?	?	○	?
③	n	?	×	?	×	?
④	o	×	?	○	?	?
	p	?	?	○	?	×
⑤	q	○	?	?	×	×

次に，Ａが排除する可能性のうち，ア～ウ（すなわち表１のａ～ｄ行）により排除できない範囲を特定する．

ｋ（Ａが排除する可能性）：

「○？？？×）

まずわかりやすいｃについて考える．

ｃ：「？×？？×」

ｋからｃに含まれる範囲を削除：

「○○？？×」

次に，ａについて考える．

ａ：「○○○？？」

さらにａに含まれる範囲を削除：

「○○×？×」

次に，ｄについて考える．

ｄ：「？？××？」

さらにｄに含まれる範囲を削除：

「○○×○×」

これは，

ｂ：「？××？？」

とは背反なので，結局ｋからａ～ｄに含まれる範囲を除くと「○○×○×」だけが残る．つまり，Ａを成立させるために排除せねばならないのにア～ウと矛盾しない可能性は，「○○×○×」，すなわち「第１問・第２問・第４問に正解し第３問・第５問を間違えた学生の存在の可能性」だけであることがわかる．

したがって，①～⑤の中からこの可能性を排除することのできる情報を探せばそれが求める答えである．「○○×○×」と表３を見比べると，ｍ行の「○？？○？」だけがこの可能性を含むことがわかるので，追加すべき情報は②であることがわかる．

<解釈５>に基づく解き方

真偽表を作成してみます．

ア　第１問に正解した学生は全員，少なくとも第２問か第３問のどちらかを間違えていた．

問題			
1	2	3	ア
T	T	T	F
T	T	F	T
T	F	T	T
T	F	F	T
F	T	T	T
F	T	F	T
F	F	T	T
F	F	F	T

イ　第3問か第5問の少なくともどちらかを間違えた学生は全員，第2問には正解していた．

問題			
3	5	2	イ
T	T	T	T
T	T	F	T
T	F	T	T
T	F	F	F
F	T	T	T
F	T	F	F
F	F	T	T
F	F	F	F

→
並べ替え

問題			
2	3	5	イ
T	T	T	T
T	T	F	T
T	F	T	T
T	F	F	T
F	T	T	T
F	T	F	F
F	F	T	F
F	F	F	F

ウ　第3問を間違えた学生は全員，第4問に正解していた．

問題		
3	4	ウ
T	T	T
T	F	T
F	T	T
F	F	F

ア～ウのすべてを重ねると，真偽表は次ページのようになります．

	問題								
ケース	1	2	3	4	5	ア	イ	ウ	アかイかウ
1	T	T	T	T	T	F	T	T	F
2	T	T	T	T	F	F	T	T	F
3	T	T	T	F	T	F	T	T	F
4	T	T	T	F	F	F	T	T	F
5	T	T	F	T	T	T	T	T	T
6	T	T	F	T	F	T	T	T	T
7	T	T	F	F	T	T	T	F	F
8	T	T	F	F	F	T	T	F	F
9	T	F	T	T	T	T	T	T	T
10	T	F	T	T	F	T	F	T	F
11	T	F	T	F	T	T	T	T	T
12	T	F	T	F	F	T	F	T	F
13	T	F	F	T	T	T	F	T	F
14	T	F	F	T	F	T	F	T	F
15	T	F	F	F	T	T	F	F	F
16	T	F	F	F	F	T	F	F	F
17	F	T	T	T	T	T	T	T	T
18	F	T	T	T	F	T	T	T	T
19	F	T	T	F	T	T	T	T	T
20	F	T	T	F	F	T	T	T	T
21	F	T	F	T	T	T	T	T	T
22	F	T	F	T	F	T	T	T	T
23	F	T	F	F	T	T	T	F	F
24	F	T	F	F	F	T	T	F	F
25	F	F	T	T	T	T	T	T	T
26	F	F	T	T	F	T	F	T	F
27	F	F	T	F	T	T	T	T	T
28	F	F	T	F	F	T	F	T	F
29	F	F	F	T	T	T	F	T	F
30	F	F	F	T	F	T	F	T	F
31	F	F	F	F	T	T	F	F	F
32	F	F	F	F	F	T	F	F	F

可能性としては，第１問〜第５問の正誤状況は $2^5 = 32$ 通りだけあるが，ア〜ウの情報により，実際にあり得る正誤状況は，次の表の通りである．

（ア〜ウともにＴであるものだけを抜き出した）

	問題					
ケース	1	2	3	4	5	アかイかウ
5	T	T	F	T	T	T
6	T	T	F	T	F	T
9	T	F	T	T	T	T
11	T	F	T	F	T	T
17	F	T	T	T	T	T
18	F	T	T	T	F	T
19	F	T	T	F	T	T
20	F	T	T	F	F	T
21	F	T	F	T	T	T
22	F	T	F	T	F	T
25	F	F	T	T	T	T
27	F	F	T	F	T	T

問１　肢ごとに検討する．

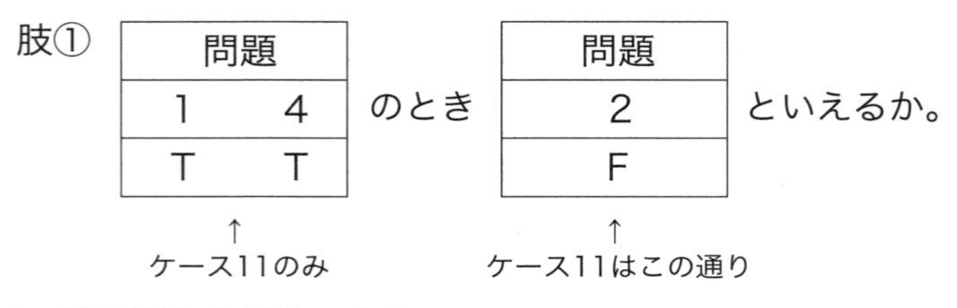

よって，①は正しく推論できる．

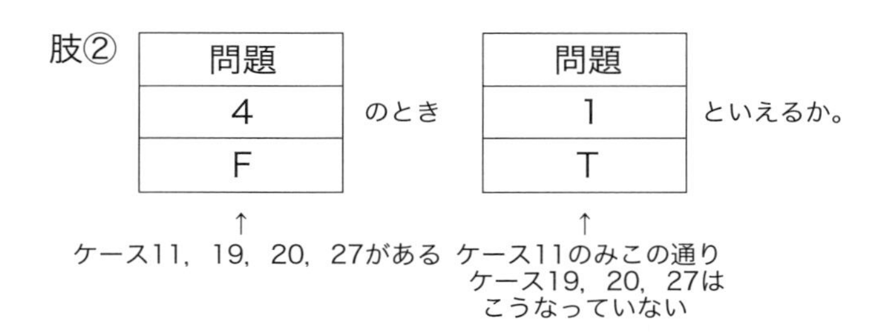

よって，②を正しく推論することはできない．肢③〜⑤については省略する．

問２　ア〜ウすべてＴとなるケースのうち，第１問に正解した学生についてのケースは，５，６，９，11 の４つである．

	問題				
ケース	1	2	3	4	5
5	T	T	F	T	T
6	T	T	F	T	F
9	T	F	T	T	T
11	T	F	T	F	T

ここで，肢①〜⑤のうち１つの事実が判明することによって，

Ａ　第１問に正解した学生は全員，第５問にも正解していた．

が，正しく推論できるようにしたい．上記のケース５，６，９，11のうち，Ａをみたさないのはケース６だけである．よって，肢①〜⑤のうちでケース６がＦとなるものを，事実として付加すればよい．

	問題					肢				
ケース	1	2	3	4	5	①	②	③	④	⑤
6	T	T	F	T	F	T	F	T	T	T

肢①においてケース６はＴとなる．
肢②においてケース６はＦとなる．
肢③においてケース６は第４問を正解しているので直ちにＴとなる．
肢④においてケース６は第３問を間違えているので直ちにＴとなる．
肢⑤においてケース６はＴとなる．

よって，ア～ウに肢②を付加することによって，Ａを正しく推論することができる．

以上ですが，前段に示した<解釈５>に基づく解き方は，かなり愚直なものであって，実際の試験時間中の解き方としては，現実的ではありません．この方法を時間内に間に合うように要領よく解くようにする工夫が<解釈４>に基づく解き方となっています．

3—4 練習問題１
適性試験オープン問題の検討

前問で扱った「試行テスト第11問」は，その後の本試験でも類題が出題されている重要な問題です．そこで，本章では類題を徹底的に練習してみましょう．次の問題は辰已適性試験オープン（筆者が出題していた模擬試験）からの出題です．

40人の顧客を対象に５種の商品（A～E）の購入パターンをリサーチした．その結果次のア～ウがわかった．これについて下の問１・２に答えよ．

ア　商品Bを購入した顧客は商品Dを購入しなかった．
イ　商品Cを購入せず，かつ商品Dを購入しなかった顧客は商品Eを購入した．
ウ　商品Aか商品Eの少なくともどちらかを購入しなかった顧客は全員，商品Bを購入した．

問１　ア～ウから正しく推論できることを次の①～⑤のうちから一つ選べ．

①　顧客は全員商品Cを購入している．
②　商品Aも商品Cも購入していない顧客は商品Bを購入している．
③　商品Bも商品Cも購入していない顧客は商品Eも購入していない．
④　顧客は全員三つ以上商品を購入している．
⑤　商品Eは購入した顧客は商品Aも購入している．

問２　ア〜ウに加えてどのような事実が判明すれば，次の甲が正しく推論できるか．適当なものを下の①〜⑤のうちから一つ選べ．

甲　商品Ａを購入した顧客は全員，商品Ｃも購入した．

①　商品Ａを購入した顧客は全員商品Ｂを購入していた．
②　商品Ａを購入した顧客は全員商品Ｂを購入していなかった．
③　商品Ａを購入した顧客は全員商品Ｅを購入していた．
④　商品Ａを購入した顧客は全員商品Ｅを購入していなかった．
⑤　顧客は全員商品Ｄを購入していた．

最初は，<解釈５>に基づく，表による解法を実行してみましょう．
愚直ですが，確実な方法です．スピードにおいて，より改善された方法は後に取り上げます．

各商品について，購入する場合を○，購入しない場合を×として，32通り（2^5 通り）すべての購入パターンがそれぞれア〜ウの各条件を満たすかどうかを調べると表（次のページ）のようになる．

この表を観察することにより，ア・イ・ウすべての条件を満たす購入パターンは，表中3，4，7，9，11，13，15，19，20，23 の10 通りであり，この10通りであり，この10通り以外のパターンは存在しなかったことがわかる．

	A	B	C	D	E	
1	○	○	○	○	○	アを満たさず
2	○	○	○	○	×	アを満たさず
3	○	○	○	×	○	
4	○	○	○	×	×	
5	○	○	×	○	○	アを満たさず
6	○	○	×	○	×	アを満たさず
7	○	○	×	×	○	
8	○	○	×	×	×	イを満たさず
9	○	×	○	○	○	
10	○	×	○	○	×	ウを満たさず
11	○	×	○	×	○	
12	○	×	○	×	×	ウを満たさず
13	○	×	×	○	○	
14	○	×	×	○	×	ウを満たさず
15	○	×	×	×	○	
16	○	×	×	×	×	イ,ウを満たさず
17	×	○	○	○	○	アを満たさず
18	×	○	○	○	×	アを満たさず
19	×	○	○	×	○	
20	×	○	○	×	×	
21	×	○	×	○	○	アを満たさず
22	×	○	×	○	×	アを満たさず
23	×	○	×	×	○	
24	×	○	×	×	×	イを満たさず
25	×	×	○	○	○	ウを満たさず
26	×	×	○	○	×	ウを満たさず
27	×	×	○	×	○	ウを満たさず
28	×	×	○	×	×	ウを満たさず
29	×	×	×	○	○	ウを満たさず
30	×	×	×	○	×	ウを満たさず
31	×	×	×	×	○	ウを満たさず
32	×	×	×	×	×	イ,ウを満たさず

問１　正解は②

①　正しく推論できない．

表中の７，13，15，23のパターンでは，ア〜ウの条件には抵触しないが，商品Ｃは購入していない，したがって，本肢は正しく推論できない．

②　正しく推論できる．

条件をみたす10通りの購入パターンのうち，商品Ａ，Ｃをもとに購入していないものは表中23のパターンのみである．このパターンでは商品Ｂを購入していることから，商品Ａ，Ｃを購入してない顧客は商品Ｂを必ず購入していることになる．したがって，本肢は正しく推論できる．

③　正しく推論できない．

表中13，15のパターンでは，ア〜ウの条件に抵触せず，商品Ｂ，Ｃともに購入していないが，商品Ｅは購入している．したがって，本肢は正しく推論できない．

④　正しく推論できる．

表中15，20，23のパターンでは，ア〜ウの条件には抵触しないが，商品を二つしか購入していない．したがって，本肢は正しく推論できない．

⑤　正しく推論できない．

表中19，23のパターンでは，ア〜ウの条件に抵触せず，商品Ｅを購入しているが，商品Ａは購入していない．したがって，本肢は正しく推論できない．

問２　正解は④

問１において，ア〜ウの三つの条件を満たすものは，10パターンのみであることが判明している．本問においては，この10パターンを新しい条件でさらに絞り込み，甲に反するものが残っているかどうかを検討していけばよい．10パターンのうち，甲に反するのは７，13，15の三つなので，これら３パターンが各条件で排除できるかどうかを確認する．

【本問の解説】

①　判明すべき事実として適当でない．

表中７のパターンは，ア〜ウの条件に抵触せず，商品Ａ・Ｂともに購入しているので本肢の条件にも抵触しないが，商品Ａを購入しながら商品Ｃは購入していないので，甲の条件は満たさない．よって，本肢の事実が判明しても甲は正しく推論できない．

②　判明すべき事実として適当でない．

表中13，15のパターンは，ア〜ウの条件に抵触せず，商品Ａを購入しＢを購入していないので本肢の条件にも抵触しないが，商品Ａを購入しながら商品Ｃは購入していないので，甲の条件は満たさない．よって，本肢の事実が判明しても甲は正しく推論できない．

③　判明すべき事実として適当でない．

表中７，13，15のパターンは，ア〜ウの条件に抵触せず，商品Ａ，Ｅをともに購入しているので本肢の条件にも抵触しないが，商品Ａを購入しながら商品Ｃは購入していないので，甲の条件は満たさない．よって，本肢の事実が判明しても甲は正しく推論できない．

④　判明すべき事実として適当である．

表中ア〜ウの条件を満たす10パターンのうち，商品ＡもＥも購入している３，７，９，11，13，15は本肢条件に抵触する．したがって，ア〜ウの条件に加え本肢の事実が判明すると，可能な購入パターンは４，19，20，23の４パターンに絞られる．このうち商品Ａを購入しているのはパターン４のみであり，パターン４ではＣを購入しているため，この４パターンは甲の条件に抵触しない．よって，本肢の事実が判明すると，甲は正しく推論できる．

⑤　判明すべき事実として適当でない．

表中13のパターンは，ア〜ウの条件に抵触せず，商品Ｄを購入しているので本肢の条件にも抵触しないが，商品Ａを購入しながら商品Ｃは購入していないので，甲の条件は満たさない．よって，本肢の事実が判明しても甲は正しく推論できない．

<解釈４>に基づく解き方

情報の排除の考え方です．ここでは，表のつくり方を工夫してみましょう．

商品A，Bだけであれば，次のような表で片付きます．

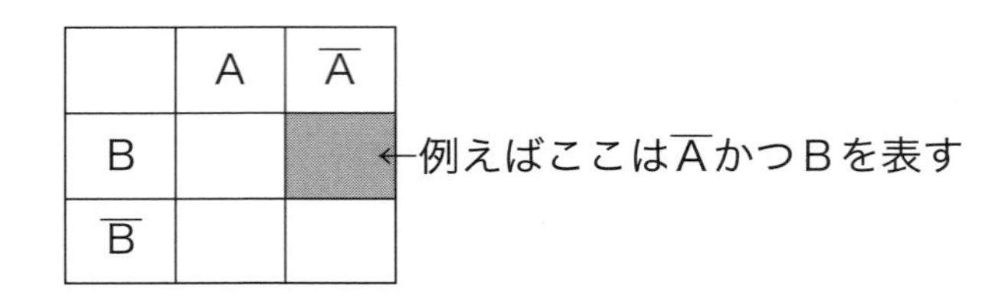

	A	$\overline{A}$
B		
$\overline{B}$		

Aは商品Aを購入したことを，$\overline{A}$は商品Aを購入しなかったことを表すものとします．

商品はA，B，Cになれば，次のように表を分割することができます．

	A		$\overline{A}$	
	B	$\overline{B}$	B	$\overline{B}$
C				
$\overline{C}$				

例えばここは$\overline{A}$かつBかつ$\overline{C}$を表す

これで $2\times2\times2=8$ 通りの場合を表すことができます．すると同様にして，１枚の表で $2\times2\times2\times2=16$ 通りの場合を表すことができるし，表を２枚準備すれば $16\times2=32$ 通りの場合を表せます．

Aの場合

		B		$\overline{B}$	
		C	$\overline{C}$	C	$\overline{C}$
D	E				
	$\overline{E}$				
$\overline{D}$	E				
	$\overline{E}$				

$\overline{A}$の場合

		B		$\overline{B}$	
		C	$\overline{C}$	C	$\overline{C}$
D	E				
	$\overline{E}$				
$\overline{D}$	E				
	$\overline{E}$				

この表を用いて，ア～ウより排除されるケースについて，×印を付けていきます.

ア　B→$\overline{D}$　によって排除されるケースは「BかつD」

イ　（$\overline{C}$ かつ $\overline{D}$）→Eによって排除されるケースは

「（$\overline{C}$ かつ $\overline{D}$）かつ $\overline{E}$」

ウ　（$\overline{A}$ または $\overline{E}$）→Bによって排除されるケースは

「（$\overline{A}$ または $\overline{E}$）かつ $\overline{B}$」

以上にしたがって，表に×印を付けましょう.

Aの場合

		B		$\overline{B}$	
		C	$\overline{C}$	C	$\overline{C}$
D	E	ア×	ア×		①反例 ③反例
	$\overline{E}$	ア×	ア×	ウ×	ウ×
$\overline{D}$	E		①反例		①反例 ③反例
	$\overline{E}$		イ×	ウ×	イウ×

$\overline{A}$の場合

		B		$\overline{B}$	
		C	$\overline{C}$	C	$\overline{C}$
D	E	ア×	ア×	ウ×	ウ×
	$\overline{E}$	ア×	ア×	ウ×	ウ×
$\overline{D}$	E	⑤反例	①④⑤ 反例	ウ×	ウ×
	$\overline{E}$	④反例	イ×	ウ×	イウ×

この表で×印のない10カ所が，現実にあり得る可能性を表しています.

問１　残っている10カ所について，肢①〜⑤のいずれかが推論できるかどうか，検討します.

肢①――反例が４カ所にみられます.

肢②――$\overline{\text{A}}$ かつ $\overline{\text{C}}$ である網目部１カ所では，Ｂとなっているので推論できます.

肢③――反例が２カ所にみられます.

肢④――反例が２カ所にみられます.

肢⑤――反例が２カ所にみられます.

問２　ア〜ウに加えて肢①〜⑤のうち１つを補うと，

　　甲　A→C

が正しく推論できるという問題です. そこで表の中で × が付かずに残っている10カ所のうち，Ａを購入している７カ所をみてみましょう.（下表の７カ所）

Aの場合

		B		$\overline{\text{B}}$	
		C	$\overline{\text{C}}$	C	$\overline{\text{C}}$
D	E	×	×		β
	$\overline{\text{E}}$	×	×	×	×
$\overline{\text{D}}$	E		α		γ
	$\overline{\text{E}}$		×	×	×

ここで「甲：A→C」を導くには，Ａかつ $\overline{\text{C}}$ となっている３カ所（上表の α，β，γ の３カ所）を排除しなければなりません. 肢①〜⑤のうちで，α，β，γ のすべてを排除できるものを補えばよいのです.

肢①　Ａかつ $\overline{\text{B}}$ を排除　→α が消えない

肢②　ＡかつＢを排除　→β，γ が消えない

肢③　Aかつ$\overline{E}$を排除　→α，β，γとも消えない

肢④　AかつEを排除　→α，β，γとも消える

肢⑤　$\overline{D}$を排除　→βが消えない

以上に検討により④が正解とわかります．

＜解釈３＞に基づく解き方

ア～ウおよび，それぞれの対偶ア'～ウ'を書き出しておきます．

ア　B → $\overline{D}$　　　ア'　D → $\overline{B}$

イ　$\overline{C}$かつ$\overline{D}$ → E　　　イ'　$\overline{E}$ → CまたはD

ウ　$\overline{A}$または$\overline{E}$ → B　　　ウ'　$\overline{B}$ → AかつE

問１　正解は②

肢①　Cは導くことはできない．

肢②　$\overline{A}$かつ$\overline{C}$ →Bを導けるか．

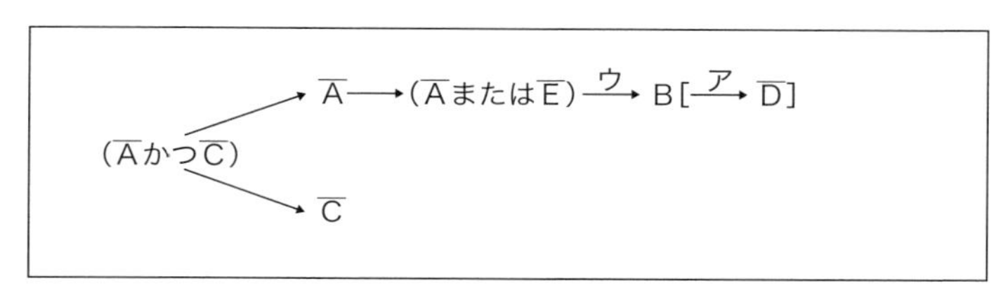

ウを用いて導くことができた．

肢③～⑤は省略．

問２　正解は④

肢①～⑤のいずれかを補って「甲：A→C」を導くことができるかどうか，検討していきます．

肢①を補うとき

$$A \xrightarrow{①} B \xrightarrow{ア} \overline{D}$$

この先に進むことはできません。

肢②を補うとき

$$A \xrightarrow{②} \overline{B} \xrightarrow{ウ'} A かつ E$$

この先に進むことはできません。

肢③を補うとき

$$A \xrightarrow{③} E$$

この先に進むことはできません。

肢④を補うとき

$$A \xrightarrow{④} \overline{E} \xrightarrow{イ'} (C または D)$$

ここでＤであると仮定すると

$$D \xrightarrow{ア'} \overline{B} \xrightarrow{ウ'} A かつ E$$

しかし，先に$\overline{E}$と判明しているので矛盾します。

つまり（ＣまたはＤ）において$\overline{D}$であるとわかるので

Ｃを導くことができます。

肢⑤を補うとき

$$⑤：D \xrightarrow{ア'} \overline{B} \xrightarrow{ウ'} A かつ E$$

この先に進むことができません。

3—5 練習問題２
適性試験オープン問題の検討

さらに類題を練習してみましょう．今度は肢の中に存在命題が入るなど，ひとひねり入っています．

A高校において，文系・理系各100人を対象に実力テストを実施した．試験科目は国語・数学・理科・社会である．一科目について，60点以上が合格点である．その結果について次のア～エが分かった．

ア　国語で合格点をとった文系の学生は全員，社会でも合格点をとっていた．
イ　理科で合格点を取れなかった理系の学生は全員，数学でも合格点を取れなかった．
ウ　数学か理科の少なくともどちらかで合格点を取った学生は全員，社会で合格点を取ることができなかった．
エ　１科目も合格点を取れなかった学生はいない．

ア～エから正しく推論できることを次の①～⑧のうちから二つ選べ．ただし，解答の順序は問わない．

①　文系の学生は全員，理科で合格点を取ることができなかった．
②　国語と数学の両科目において合格点を取った学生はいない．
③　国語と数学のいずれの科目においても合格点を取ることができなかった理系の学生は，理科でも合格点を取ることができなかった．
④　３科目以上合格点を取った文系の学生はいない．
⑤　国語のみ合格点を取った理系の学生はいない．
⑥　文系では国語と社会の２科目のみ，理系では数学と理科の２科

目のみ合格点を取った学生が最も多い．
⑦　国語と社会の２科目のみ合格点を取った文系の学生が存在する．
⑧　数学で合格点を取った理系の学生が存在するなら，理科で合格点を取った理系の学生も存在する．

<解釈４>に基づく解き方

各科目について合格点を取った場合を○，取れなかった場合を×とする．すべての組合せについて，ア～エの条件によって可能性が排除されるかどうかを調べると，表のようになる．（文系・理系各16通り＝2^4）

[文系]

	国語	数学	理科	社会	
1	○	○	○	○	ウを満たさず
2	○	○	○	×	アを満たさず
3	○	○	×	○	ウを満たさず
4	○	○	×	×	アを満たさず
5	○	×	○	○	ウを満たさず
6	○	×	○	×	アを満たさず
7	○	×	×	○	
8	○	×	×	×	アを満たさず
9	×	○	○	○	ウを満たさず
10	×	○	○	×	
11	×	○	×	○	ウを満たさず
12	×	○	×	×	
13	×	×	○	○	ウを満たさず
14	×	×	○	×	
15	×	×	×	○	
16	×	×	×	×	エを満たさず

［理系］

	国語	数学	理科	社会	
1	○	○	○	○	ウを満たさず
2	○	○	○	×	
3	○	○	×	○	イ・ウを満たさず
4	○	○	×	×	イを満たさず
5	○	×	○	○	ウを満たさず
6	○	×	○	×	
7	○	×	×	○	
8	○	×	×	×	
9	×	○	○	○	ウを満たさず
10	×	○	○	×	
11	×	○	×	○	イ・ウを満たさず
12	×	○	×	×	イを満たさず
13	×	×	○	○	ウを満たさず
14	×	×	○	×	
15	×	×	×	○	
16	×	×	×	×	エを満たさず

表の右端の欄に何も記述がない組み合せが，ア～エの条件下で存在しうる成績のパターンである．これをもとに，以下各肢を検討する．

①は正しく推論することができない．
　　［文系］10，14 の存在の可能性が反例．
②は正しく推論することができない．
　　［理系］２の存在の可能性が反例．
③は正しく推論することができない．
　　［理系］14 の存在の可能性が反例．
④は正しく推論することができる．
　　［文系］１，２，３，５，９がすべて排除されている．
⑤は正しく推論することができない．
　　［理系］８の存在の可能性が反例．

⑥は正しく推論することができない.

　ア〜エの条件では，どの科目で何人合格したかは分からない.

⑦は正しく推論することができない.

　［文系］７の存在の可能性は残されているが,

　　このパターンの学生が必ず存在するという保証はない.

⑧は正しく推論することができる.

　数学で合格点を取った理系の学生として存在可能なのは

　［理系］２，10パターンのみであり,

　いずれの場合も理科も合格している.

以上より，正解は④，⑧（順不同）となる.

表のつくり方（見せ方）を変えてみるのもよいかもしれません.

理系はＳ（文字はＬ），理科で合格点を取ることは理，理科の不合格は $\overline{\text{理}}$ のように表すこととします.

ア　（Ｌかつ国）→社

　　排除するのはＬかつ（国かつ $\overline{\text{社}}$）

イ　（Ｓかつ $\overline{\text{理}}$）→ $\overline{\text{数}}$

　　排除するのはＳかつ（$\overline{\text{理}}$ かつ数）

ウ（数または理）→ $\overline{\text{社}}$

　　排除するのは（数または理）かつ社

エ　全科目不合格はいない

　　排除するのは $\overline{\text{国}}$ かつ $\overline{\text{数}}$ かつ $\overline{\text{理}}$ かつ $\overline{\text{社}}$

これらによって排除されるものには × 印を付けていきます.

L（文系）

		国		$\overline{国}$	
		数	$\overline{数}$	数	$\overline{数}$
理	社	ウ×	ウ×	ウ×	ウ×
	$\overline{社}$	ア×	ア×		
理	社	ウ×		ウ×	
	$\overline{社}$	ア×	ア×		エ×

S（理系）

		国		$\overline{国}$	
		数	$\overline{数}$	数	$\overline{数}$
理	社	ウ×	ウ×	ウ×	ウ×
	$\overline{社}$				
理	社	イウ×		イウ×	
	$\overline{社}$	イ×		イ×	エ×

×印が付かずに残ったのは，12カ所です．網目を付けた12カ所について，肢①～⑧が正しく推論できるかどうかを検討していきましょう．

肢①，②，③については，ただちに反例が見つかります．

肢④は，文系の学生についての５カ所に，合格した科目数を書き込んでみた結果正しく推論できると分かります．

肢⑤は，理系の表の⑤と印した部分の存在する可能性が反例．

肢⑥は，人数についての多少を推論する情報は全くないことに注意しましょう．

肢⑦は，文系の表のα部分に学生が存在する可能性があるものの，存在すると断定することはできません．

肢⑧は，理系の表のβ，γ部分のいずれかに学生が存在すれば，その学生は理科で合格点を取っているので，推論できます．

L（文系）

		国		$\overline{国}$	
		数	$\overline{数}$	数	$\overline{数}$
理	社	ウ×	ウ×	ウ×	ウ×
	$\overline{社}$	ア×	ア×	2科目 ①	1科目 ①
理	社	ウ×	2科目 α	ウ×	2科目
	$\overline{社}$	ア×	ア×	1科目	エ×

S（理系）

		国		$\overline{国}$	
		数	$\overline{数}$	数	$\overline{数}$
理	社	ウ×	ウ×	ウ×	ウ×
	$\overline{社}$	β②		γ	③
理	社	イウ×		イウ×	
	$\overline{社}$	イ×	国のみ ⑤	イ×	エ×

以上より，正解は④，⑧.

＜解釈３＞に基づく解き方はどうでしょう.
本問においては，肢⑦，⑧において存在命題が扱われています.
＜解釈３＞による必要条件・十分条件の矢印をつないでいく三段論法をとる限り，肢⑦，⑧あたりの判定には限界が生じてしまいます.

第4章

法科大学院適性試験

4—1 犬猫トランプ

2003年度本試験第1部第14問の検討

大学入試センター・適性試験問題にチャレンジしてみましょう．2003年８月実施本試験の第１部第14問です．

第14問　次の文章を読み，下の問い（問１・問２）に答えよ．

トランプのカードを２組，計104枚用意する．一方の組は裏に犬の絵が描かれているので「犬のカード」と呼び，もう一方の組は裏に猫の絵が描かれているので「猫のカード」と呼ぶことにする．これを用いて次のようなことを行う．

この104枚のカードをよく混ぜ合わせ，その中から相手に10枚のカードを取り出してもらう．取り出した10枚がどのようなカードであるのかは，それが犬のカードなのか猫のカードなのかということも含め，あなたには全く分からない．そこで，10枚のカードを取り出した相手は，それをよく調べ，取り出した10枚についてあなたにいくつかの情報を伝える．あなたはその情報を基に推論を行う．

なお，犬のカードも猫のカードも普通のトランプのカードであるとする．すなわち，スペード，クラブ，ハート，ダイヤのいずれかの種類をもち，それぞれの種類に対して，Ａから10までの10枚及びＪ，Ｑ，Ｋの絵札３枚の，計13枚がある．犬のカード，猫のカードともに，この52枚を１組とする．この知識は推論において用いてよい．

問１　相手は取り出した10枚のカードについて次のア〜ウの情報をあなたに伝えてきた．これらの情報を基に論理的に正しく結論できることとして正しいものを，下の①〜⑤のうちから１つ選べ．

ア　取り出した10枚に絵札が含まれるとすれば，それはダイヤでもクラブでもない．
イ　取り出した10枚にクラブのカードが含まれるとすれば，それはすべて猫のカードである．
ウ　取り出した10枚にスペードかダイヤのカードが含まれるとすれば，それはどちらもすべて犬のカードである．

①　取り出した10枚に犬のカードの絵札が含まれるとすれば，それはすべてスペードである．
②　取り出した10枚に猫のカードの絵札が含まれるとすれば，それはすべてハートである．
③　取り出した10枚にクラブでない犬のカードが含まれるとすれば，それはすべてスペードである．
④　取り出した10枚に猫のカードが含まれるとすれば，それはすべて絵札ではない．
⑤　取り出した10枚にダイヤでない絵札が含まれるとすれば，それはすべて犬のカードである．

問２　取り出した10枚を元に戻し，よく混ぜ合わせ，再び同じようにした．今度は，相手は次のエ～キの情報をあなたに伝えてきた．これらの情報を基に論理的に結論できることとして正しいものを，下の①～⑤のうちから１つ選べ．

エ　取り出した10枚にハートかスペードのカードが含まれるとすれば，それはどちらもすべて絵札でないカードである．
オ　取り出した10枚に絵札でない猫のカードが含まれるとすれば，それはハートでもスペードでもない．
カ　取り出した10枚にクラブの絵札が含まれるとすれば，それはすべて犬のカードである．
キ　取り出した10枚の中にはダイヤでない猫のカードがある．

① 取り出した10枚の中にはハートの猫のカードがある．
② 取り出した10枚の中には猫の絵札がある．
③ 取り出した10枚の中には絵札でないスペードの犬のカードがある．
④ 取り出した10枚の中にはクラブの猫のカードがある．
⑤ 取り出した10枚の中にはクラブでない犬のカードがある．

（2003 大学入試センター・法科大学院適性試験）

本問は，２組のトランプから選んだ10枚のカードについて，与えられた複数の情報から論理的に推論できる命題を選ぶものである．情報は，問２のキをのぞき，すべて「 p ならば q 」という形式の命題として与えられる．したがって，本問には，この複数の命題からなる情報をどのような形で整理するかにより，いろいろな解法が考えられる．ここでは，次の２通りの方法について説明する．

（1）カードを，情報の中で用いられている項目により分類した表を作り，各情報により排除される可能性（情報より存在しないことがいえるカードの種類）をチェックしていき，10枚の中に存在しうるカードの種類を限定していく．この方法は，「 p ならば q 」という命題が「 p であって q でない可能性を排除する」という情報であることを正しく理解していて，分類表が適切に作成できるならば，命題から得られる情報を過不足なく表現できるので，最も確実な方法である．ただし，「存在しないことが言える種類（可能性）をチェックする」という考え方に慣れておかないと，何をチェックしているのかわからなくなるので注意が必要である．

本問においては，情報の中で用いられている項目の中に，「～である」「～でない」といった２択のものだけでなく，スペード・クラブ・ハート・ダイヤという４択の項目もあるため，論理式では表現しにくい部分があり，この分類表による方法は，一層有効である．

(2) 命題の形で与えられた情報（およびその対偶）を，論理式の形で整理しておき，そこから，各選択肢を導くことができるかどうかを個別に検討する．複数の命題からある命題が導けるかどうかの検討には，多少試行錯誤的な要素があるので，問題によっては，どの命題を組み合わせればどの選択肢が導けるのか，または，導けないものについてどのような場合が反例になるのかを発見するのに手間取る可能性があるが，導出のプロセスが明確になるので，正解肢についてもう一度確認する作業はやりやすい．

解法１　表を用いて排除された可能性をチェックする方法

問１　正解　②

本問においては，全てのカードは，裏が犬か猫か，絵札かそれ以外（数札）か，スートが何か（スペード・クラブ・ハート・ダイヤ）によって，計２×２×４＝16種類に分類される．本解法では，これら16種類を下表のように整理した上で，与えられた各情報により，これら16種類のうちどれの存在が否定されたかを順次チェックする．

実際にチェックした結果を次表に示す．（チェック方法については後述）

	犬のカード		猫のカード	
	数札	絵札	数札	絵札
スペード			×	×
クラブ	×	×		×
ハート				
ダイヤ		×	×	×

ここでは，「p ならば q である」という情報については「 p であって，かつ q でないものは存在しない」と解釈し，「 p であって，かつ q でないもの」に相当する箇所に×印を付けていく．以下，各情報について説明すると，

情報ア：「絵札ならば，ダイヤでもクラブでもない」
＝「絵札であって，ダイヤまたはクラブであるものは存在しない」
よって，絵札のダイヤ・クラブの欄に×を付ける．（犬・猫とも）

情報イ：「クラブならば，猫のカードである」
＝「クラブであって，猫のカードでないもの（＝犬のカード）は存在しない」
よって，クラブの犬の欄に×を付ける．（絵札・数札とも）

情報ウ：「スペードかダイヤならば，犬のカードである」
＝「スペードかダイヤであって，犬のカードでないもの（＝猫のカード）は存在しない」
よって，スペードとダイヤの猫の欄に×を付ける．（絵札・数札とも）

	犬のカード		猫のカード	
	数札	絵札	数札	絵札
スペード			×	×
クラブ	×	×		×
ハート				
ダイヤ		×	×	×

この結果，何も印が付いていないところが，存在する可能性が残されている種類のカードを表す．この表を基に，以下各肢を検討する．

①　正しくない
表で「犬のカードの絵札」の各スートについて調べると，クラブとダイヤには×印が付いているが，スペードとハートには存在する可能性が残されている．よって，犬のカードの絵札が必ずしもスペードであるとは限らず，ハートである可能性も残されていることになり，本肢は正しくない

②　正しい

表で「猫のカードの絵札」の各スートについて調べると，スペード・クラブ・ダイヤには×印が付いているため，取り出した10枚に猫のカードの絵札が含まれたとすると，それは全てハートということになる．よって，本肢は正しい．

③　正しくない

表で「犬のカード」の各組合せについて調べると，スペードだけでなく，ハートの数札・絵札やダイヤの数札についても×印が付いておらず，存在する可能性が残されている．よって本肢は正しくない．

④　正しくない

表で「猫のカード」の各組合せについて調べると，本肢ではすべて絵札ではないとしているが，実際にはハートの絵札には×印が付いておらず，存在する可能性が残されている．よって本肢は正しくない．

⑤　正しくない

表で「ダイヤでない（スペード・クラブ・ダイヤ）絵札」について調べると，本肢ではすべて犬のカードであるとしているが，実際にはハートの猫のカードにも×が付いておらず，存在する可能性が残されている．よって本肢は正しくない．

問２　正解　④

本問でも，問１と同じように表でチェックしていくが，情報キについては「pならばq」の形ではなく，特定の種類のカードが必ず存在することを示す命題になっているため，キについては別途検討が必要である．

最終的なチェック結果は次表のようになる．

	犬のカード		猫のカード	
	数札	絵札	数札	絵札
スペード		×	×	×
クラブ			○	×
ハート		×	×	×
ダイヤ				

まず，情報エ～カについて整理すると，

情報エ：「ハートかスペードならば，絵札でない」
　＝「ハートかスペードであって，絵札であるものは存在しない」
　よって，ハート・スペードの絵札の欄に×を付ける．（犬・猫とも）

情報オ：「絵札でない猫のカードならば，ハートでもスペードでもない」
　＝「絵札でない（＝数札の）猫のカードであって，ハートまたは
　　スペードであるものは存在しない」
　よって，猫のカードのハート・スペードの数札の欄に×を付ける．

情報カ：「クラブの絵札ならば，犬のカードである」
　＝「クラブの絵札であって，犬のカードでないもの（猫のカード）
　　は存在しない」
　よって，猫のカードのクラブの絵札の欄に×を付ける．

情報キは，ダイヤでない猫のカードが必ず存在するとしている．表でダイヤ以外の猫のカードの欄を見ると，×が付いておらず存在の可能性の残されているものはクラブの数札だけなので，ダイヤでない猫のカードが存在するなら，それはすなわちクラブの数札である．よって，猫のクラブの数札は必ず存在することになるので，表の該当する欄に○を付けておく．

以下，各肢について検討するが，本問の肢は，すべて「～がある（存在する）」という形式であることに注意する．情報エ～キにより，確実に存在することが保証されたのは，○の付いた1ヵ所のみであるため，この「猫のクラブの数札」を含む種類のカードの存在を主張している肢だけが正解である．

	犬のカード		猫のカード	
	数札	絵札	数札	絵札
スペード		×	×	×
クラブ			○	×
ハート		×	×	×
ダイヤ				

① 正しくない

表より，そもそもハートの猫のカードは10枚の中に存在しない．よって，本肢は正しくない．

② 正しくない

表より，猫の絵札のうちダイヤについては，存在する可能性も残されているが，存在が保証されたわけではない．よって，本肢は正しくない．

③ 正しくない

表より，絵札でない（数札の）スペードの犬のカードについては，存在する可能性も残されているが，存在が保証されたわけではない．よって，本肢は正しくない．

④ 正しい

表より，数札の猫のカードのうち，クラブについては，確実に存在することが保証されている．よって，本肢は正しい．

⑤　正しくない

表より，クラブでない犬のカードについては，存在する可能性も残されているが，存在が保証されたわけではない．よって，本肢は正しくない．

＜注＞　なお，表のつくり方は，いろいろな工夫が可能である．

問1の場合

犬のカード

	スペード	クラブ	ハート	ダイヤ
数札		イ×		
絵札		アイ×		ア×

猫のカード

	スペード	クラブ	ハート	ダイヤ
数札	ウ×			ウ×
絵札	ウ×	ア×	②	アウ×

これらをまとめることもできる．下の表で太枠の中が犬のカード，外が猫のカード．

	スペード	クラブ	ハート	ダイヤ
数札	ウ×			ウ×
数札（犬）		イ×		
絵札（犬）		アイ×		ア×
絵札	ウ×	ア×	②	アウ×

いずれの表からも，表中の②の場所をみて，肢②が正しいとわかる．

問２の場合

犬のカード

	スペード	クラブ	ハート	ダイヤ
数札				
絵札	エ×		エ×	

猫のカード

	スペード	クラブ	ハート	ダイヤ
数札	オ×	キ○	オ×	
絵札	エ×	カ×	エ×	

まとめて書く場合は次のようになる．

	スペード	クラブ	ハート	ダイヤ
数札	オ× 犬	キ○	オ×	
絵札	エ× エ×	 カ×	エ× エ×	

いずれにしても，導くべき肢①～⑤はすべて存在命題なので，存在を主張する情報キを用いるしかない．表中の○の部分のカードの存在が保証されていることから，このカードは「猫のクラブの数札」とわかる．よって，肢④が論理的に結論できる．

解法２　論理式を利用して情報を整理する方法

問１　正解　②

104枚のカードを分類する属性は，

絵札 or 数札
ハート or スペード or ダイヤ or クラブ
犬 or 猫

である．
以下，取り出した10枚のカードを全体集合とし，条件の表記を
絵：「絵札である」
$\overline{\text{絵}}$ ＝数：「数札である」
などとする．情報を整理すると，次のようになる．

情報ア＝絵 →$\overline{\text{ダイヤ}}$ and $\overline{\text{クラブ}}$
すなわち
絵 → ハート or スペード
アの対偶：ダイヤ or クラブ → 数

情報イ：クラブ → 猫
イの対偶：犬 → $\overline{\text{クラブ}}$
すなわち
犬→ハート or スペード or ダイヤ

情報ウ：スペード or ダイヤ → 犬
ウの対偶：猫 → ハート or クラブ

これらを用いて，以下各肢を検討する．

①　論理的に結論できない

犬のカードの絵札が含まれていたとして，情報アに照らせば，その種類はハートかスペードであるが，ハートの犬のカードが存在したとしても，情報イ，ウはどちらもハートのカードについての条件は含まないため，どちらとも矛盾しない．したがって，ハートのカードの存在する可能性があるので，すべてスペードだとは結論できない．

②　論理的に結論できる

猫のカードの絵札が含まれたとして，情報アに照らせば，その種類はハートかスペードであって，これをスペードと仮定すると情報ウにより犬のカードということになってしまうのでハートだけに限定される．

③　論理的に結論できない

情報イの対偶により，犬のカードならばハート，スペードまたはダイヤとなるが，ハートやダイヤの犬のカードが存在しても，情報アから「ダイヤなら数札」ということが言えるだけで，なんら矛盾は生じない．よって，すべてスペードだとは結論できない．

④，⑤　論理的に結論できない

猫のカードの絵札でハートのものが存在しても，情報ア，イ，ウのいずれとも矛盾していない．

<注>　問１の各肢の検討の様子を図解すれば，次のようになる．

S（スペード），C（クラブ），H（ハート），D（ダイヤ）と省略する．

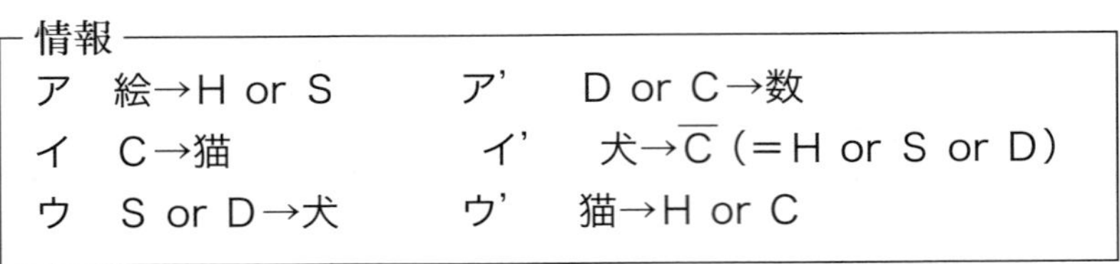
情報
ア　絵→H or S
ア’　D or C→数
イ　C→猫
イ’　犬→$\overline{C}$（＝H or S or D）
ウ　S or D→犬
ウ’　猫→H or C

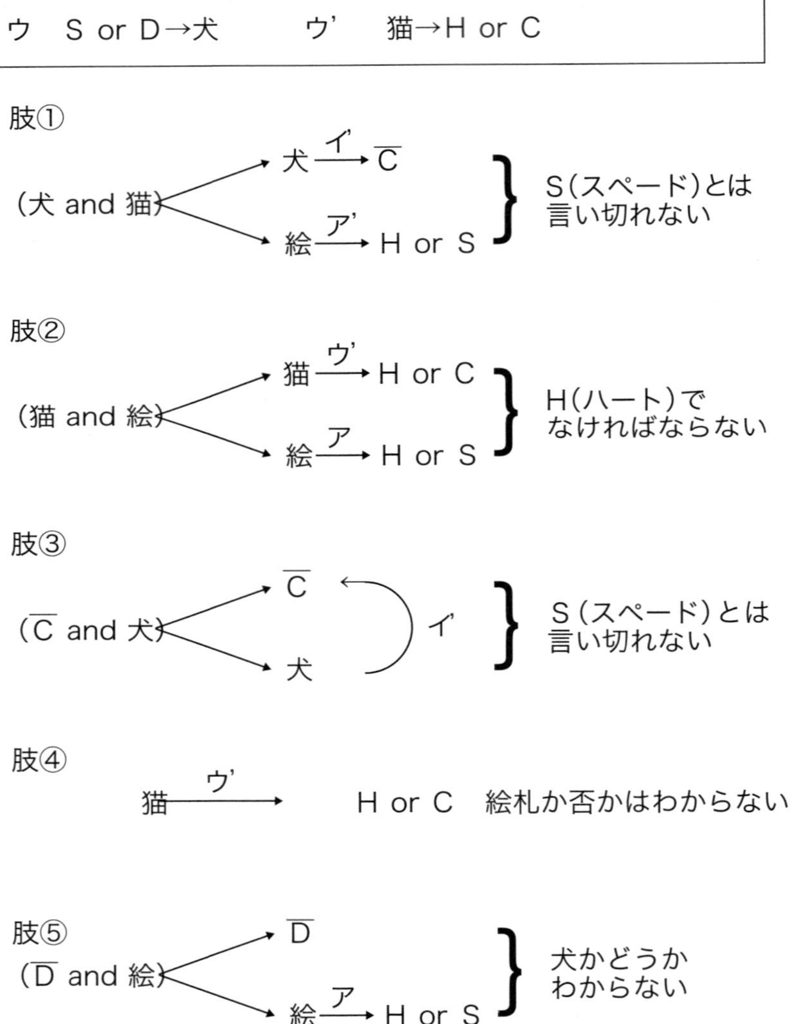
肢①
（犬 and 猫）
犬 イ’ $\overline{C}$
絵 ア’ H or S
S（スペード）とは
言い切れない
肢②
（猫 and 絵）
猫 ウ’ H or C
絵 ア H or S
H（ハート）で
なければならない
肢③
（$\overline{C}$ and 犬）
$\overline{C}$
犬
イ’
S（スペード）とは
言い切れない
肢④
猫 ウ’
H or C　絵札か否かはわからない
肢⑤
（$\overline{D}$ and 絵）
$\overline{D}$
絵 ア H or S
犬かどうか
わからない

問２　正解　④

情報エ：ハート or スペード → $\overline{\text{絵}}$ （＝数）

エの対偶：絵→ダイヤ or クラブ

情報オ：$\overline{\text{絵}}$ and 猫 → $\overline{\text{ハート}}$ and $\overline{\text{スペード}}$

つまり

数 and 猫→ダイヤクラブ

オの対偶：ハート or スペード→絵 or 犬

情報カ：クラブ and 絵→犬

カの対偶：猫 → $\overline{\text{クラブ}}$ or 数

情報キ：（ $\overline{\text{ダイヤ}}$ and 猫）のカードが存在

情報キは存在を主張する命題であり，これは対偶を考えるような性質のものではない．

問１の選択肢はすべて，「……が含まれるとすれば，……である」であったのに対して，問２は「……というカードがある」という形の，「存在」を主張する命題であるから，「存在が確実に保証されるもの」を選ぶことになる．「存在する可能性がある」かどうかの議論ではないことに注意すること．

ここで，ある種類のカードの存在を保証する情報は，情報キしかないので，情報キから導かれる結論を選ぶことになる．

情報キで存在が保証されているのは，

$\overline{\text{ダイヤ}}$ and 猫

すなわち

猫 and（ハート or スペード or クラブ）

である．

（ｉ）猫 and ハートのカードが存在するなら，
　　そのカードは，エより数であり
　　オより $\overline{\text{ハート}}$ なので矛盾．

（ii）猫 and スペードのカードが存在するなら，
　　そのカードは，エより数であり
　　オより $\overline{\text{スペード}}$ なので矛盾．

よって

（iii）猫 and クラブのカードの存在

のみが可能性として残り，その存在は保証されているので肢④が論理的に結論できる．

以下，各肢について，情報キから導くことができるかどうかを検討する．

①　論理的に結論できない

上記考察で，（ｉ）の猫 and ハートのカードは存在しないことが分かったので，本肢は論理的に結論できない以前に，そもそも起こり得ない．

②　論理的に結論できない

情報キで存在を保証されているのは，「ダイヤでない猫のカード」だが，これから「猫の絵札」の存在を導くためには，「ダイヤでない猫のカード」であって，「猫の絵札」でないもの，すなわち「ダイヤでない猫の数札」が存在しないことが別の条件から保証されなければならない．しかし，「クラブの猫の数札」が存在していたとしても，情報エ，オ，カのいずれとも矛盾しない．よって，情報キから「猫の絵札」の存在を導くことはできない．

③　論理的に結論できない

情報キで存在を保証されているのは，「ダイヤでない猫のカード」であり，「絵札でないスペードの犬のカード」はこれに含まれない．よって情報キから「絵札でないスペードの犬のカード」の存在を導くことはできない．

④　論理的に結論できる

上記考察により，情報キから「クラブでない犬のカード」の存在を導くことができる．

⑤　論理的に結論できない

情報キで存在を保証されているのは，「ダイヤでない猫のカード」であり，「クラブでない犬のカード」はこれに含まれない．よって，情報キから「クラブでない犬のカード」の存在を導くことはできない．

<注>　問２の検討の様子を図解すれば，次のようになる．

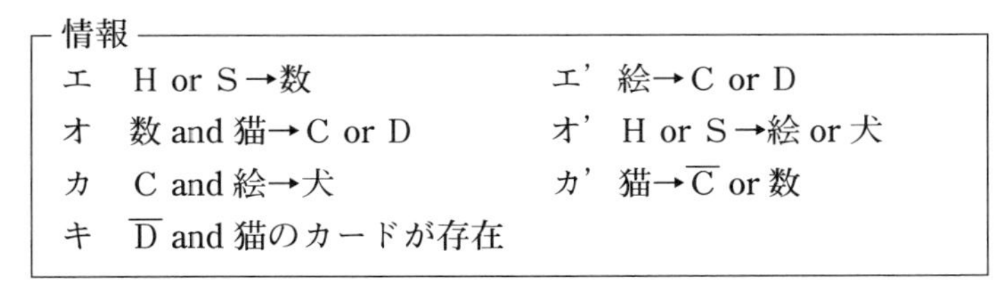

情報

エ　H or S→数	エ’絵→C or D
オ　数 and 猫→C or D	オ’H or S→絵 or 犬
カ　C and 絵→犬	カ’猫→$\overline{\mathrm{C}}$ or 数
キ　$\overline{\mathrm{D}}$ and 猫のカードが存在	

キによって存在が保証されたカードを α と名付けよう。

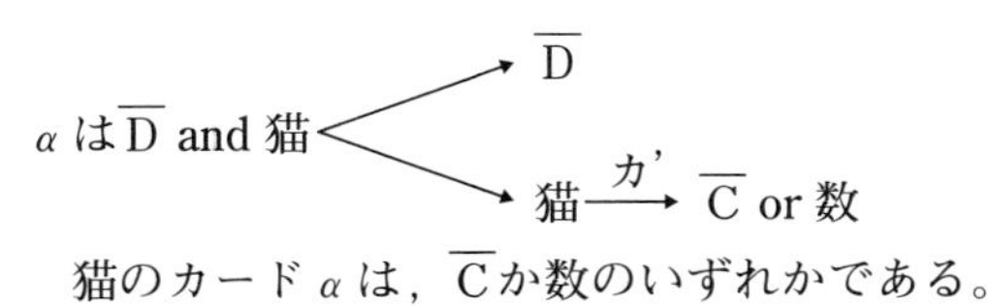

猫のカード α は，$\overline{\mathrm{C}}$ か数のいずれかである。

(i) $\overline{\mathrm{C}}$ であると仮定すると，$\overline{\mathrm{C}}$ and $\overline{\mathrm{D}}$ なので

H or S —エ→ 数
猫
} —オ→ C or D

これは矛盾する。よってCであると決まる。

(ii) 数札であると仮定すると

数 and 猫 —オ→ C or D
$\overline{\mathrm{D}}$
} ⟶ C

やはりCであると決まる。

よって，(i)(ii) より α は猫 and Cといえるので肢④が結論できる。

［参考］　ベン図による解法は，本問においては困難である．というのも，カードの属性が犬／猫，スペード／クラブ／ハート／ダイヤ，数札／絵札のように事実上３次元となっているからである．なお，本問に関する他社版の解説には次のようなものが存在した．

他社版より

問１　この状況を表すベン図の１つとして，以下のようなものが描ける。このベン図が条件をすべて満たしていることに注意しよう。

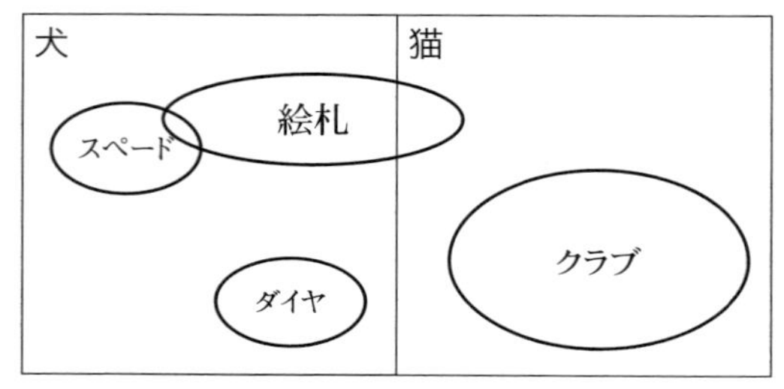

（スペードでもクラブでもダイヤでもない部分はハートとする）

問２　この状況を表すベン図の１つとして，以下のようなベン図が描ける。このベン図が条件をすべて満たしていることに注意しよう。

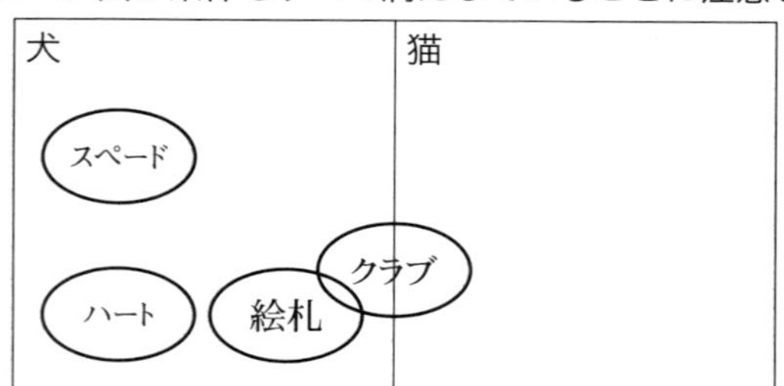

（スペードでもクラブでもダイヤでもない部分はダイヤである）

問１，問２とも，選択肢①～⑤の個別検討は省略している．本書をここまで読み進め，さまざまな考え方をマスターされてきた読者であれば，このベン図を用いた解答がいかに奇怪なものであるか，理解できるだろう．また，ベン図を用いる解答の場合，「この状況を表すベン図（が複数考えられるがそのうちの１つ）」を図示し，その図の中で考えるというのは，本問を分析したことにならない，ということも理解できるだろう．

<問2について補足>　（解法1，2とも）

上記解説では，ある種類のカードが確実に存在することは，必ず情報キから導かれるとして考えたが，厳密には，「その種類以外のカードにうち情報エ，オ，カに抵触しないものが10枚に満たない」場合にも，その種類のカードの存在が情報キとは無関係に保証される．

例えば，「取り出した10枚の中には数札がある」ことが確実に言えるかどうかを考えると，絵札のうち存在しうるのは，情報エよりダイヤかクラブに限られ，さらに情報カよりクラブの猫のカードが除かれるので，ダイヤの犬／猫の6枚＋クラブの犬の3枚＝9枚までしか絵札は存在しえないことがわかる．すなわち，少なくとも1枚は数札が含まれることになり，「取り出した10枚の中には数札がある」ことが保証される．

しかしながら，実際の今回の肢①から⑤について言えば，そこに挙げられた種類のいずれにも含まれない「クラブの犬の数札は，エ，オ，カのいずれにも抵触せず，それだけで10枚あるので，肢①～⑤が情報キと無関係に結論できる可能性はない．

情報キから攻めずに，「枚数」を先に気にしてしまった人は，かなり時間をロスした可能性がある．

4—2 三段論法

2003年度特例措置試験第1部第4問の検討

次に検討するのは，2003年11月実施特例措置試験の第１部第４問です.

第４問　次の推論ア〜ウを読み，下の問いに答えよ.

推論ア
　図書委員は文化委員を兼任する.
　風紀委員は体育委員か図書委員の少なくともどちらかを兼任する.
　風紀委員をしないならば，文化委員をする.
　それゆえ，
　文化委員をしないならば，体育委員をする.

推論イ
　厳格なしつけを受けた人は几帳面である.
　几帳面でない人は蔵書の整理が苦手である.
　厳格なしつけを受けていない法律家がいる.
　それゆえ，
　蔵書の整理が苦手な法律家がいる.

推論ウ
　内気な人は大勢の前や初対面の人に対しては上手に話ができない.
　パーティーが苦手な人は内気な人か孤独が好きな人だ.
　Nさんは初対面の人に対しては平気だが，大勢の前では上手に話ができない.
　それゆえ，
　Nさんはパーティーが苦手ではない.

問　推論ア〜ウの正誤の組合せとして正しいものを，次の①〜⑧のうちから１つ選べ.

なお，正しい推論とは，前提がすべて真であると仮定すれば，その前提のみに基づいて必ず結論も真となる推論をいう．

① すべて誤りである．
② 正しい推論はアであり，イとウは誤りである．
③ 正しい推論はイであり，アとウは誤りである．
④ 正しい推論はウであり，アとイは誤りである．
⑤ 正しい推論はアとイであり，ウは誤りである．
⑥ 正しい推論はアとウであり，イは誤りである．
⑦ 正しい推論はイとウであり，アは誤りである．
⑧ すべて正しい．

（2003 大学入試センター・法科大学院適性試験（特例措置試験））

本問は，３つの推論ア～ウについて正誤を判定しその組合せを問うものであるが，一つ一つの正誤の判定は決して楽ではなく，３つとも正しく判定しないと得点にならないという面倒な問題である．

実際にやる作業としては，３つの独立した小問を解くようなものなので，ここではア～ウそれぞれについて，「思考整理ポイント→各推論についての解説」という流れで解説することにする．

推論アについて

本推論は，３つの「 p ならば q 」型の命題から別の「 p ならば q 」型の命題を導いている．この推論の正誤の判定の方法には大きく次の２通りの方法が考えられる．

【解法１】

条件の連鎖によりたどり着くルートを探る．その際，各命題については，もとの形と対偶の２通りをあらかじめ用意しておき，条件の連鎖をたどりやすくする．この方法では，結論にたどり着くルートが見つかればその時点で推論が正しいとわかるが，見つからなかった場合，推論が誤りだと結論づけるためには，さらに反例（全ての条件を満たすが，結論には反する例）を探さないとならない．条件の連鎖のルートを探すのも反例を探すのも，いずれも多分に試行錯誤的な要素が強いので，運良くすぐに結論にたどり着けば早いが，泥沼にはまる危険性もある．

【解法２】

全ての可能性（本問の場合は４種の委員を任ずるか否かの 2^4 ＝16通り）の中から，各命題によって排除されるものを除いていき，残った可能性全てにおいて結論の命題が成立するかどうかを判定する．この方法の場合，推論が正しい場合も誤りの場合も，一定の作業量で判定できるので，確実な方法ではある．ただし，「 p ならば q 」という命題が「 p でありかつ q でない可能性を排除する」ものであるという見方に慣れていないと，可能性を排除していく作業の途中でミスをする危険性がある．

なお，この可能性のチェックは，表を使って行う．ベン図でもよさそうだが今回は条件が４つあるのでベン図では表現しきれない．（ベン図が使えるのは，条件が３つの場合までである）

以下，この２通りの解法で，正誤の判定を行う．

解法１：条件の連鎖による方法

図書委員，文化委員，風紀委員，体育委員のそれぞれに任ずることを，ａ，ｂ，ｃ，ｄで表すと，推論の前提となる３つの命題は

前提１：$a \to b$

前提２：$c \to (d \lor a)$

前提３：$\overline{c} \to b$

となり，それぞれ対偶をとると

前提１の対偶：$\overline{b} \to \overline{a}$

前提２の対偶：$(\overline{d} \wedge \overline{a}) \to \overline{c}$（ド・モルガンの法則を利用）

前提３の対偶：$\overline{b} \to c$

となる．また，結論は

結論：$\overline{b} \to d$

である．３つの前提（およびそれらの対偶）を使って，$\overline{b}$ からｄが導ければ，この推論は正しいことになる．

そこで，前提の命題群の中から $\overline{b}$ に関する命題を探すと，前提１の対偶と前提３の対偶から $\overline{a}$ とｃが導け，さらに前提２によりｃから $d \vee a$ が導けるので，まとめると，$\overline{b}$ から $\overline{a}$ と $d \vee a$ が導けることになる．ｄまたはａであり，ａでないということは，ｄであることを意味するので，結局 $\overline{b}$ からｄであることが導けることがわかる．

よって，この推論は正しい．

解法２：表による可能性のチェック

４種の委員を任ずるか否かで16通りの可能性の表を作り，３つの前提により排除される可能性をチェックする．

前提１：図書委員は文化委員を兼任
……排除される可能性：図書委員であり，かつ，文化委員でない場合
前提２：風紀委員は体育委員か図書委員のどちらかを兼任
……排除される可能性：風紀委員であり，かつ，体育委員でも図書委員でもない場合
前提３：風紀委員をしないなら文化委員をする
……排除される可能性：風紀委員でなく，かつ，文化委員でもない場合

チェック結果は次ページの表のようになる．

行No.	図書委員	文化委員	風紀委員	体育委員	前例1	前提2	前提3	残った可能性
1	○	○	○	○				○
2	○	○	○	×				○
3	○	○	×	○				○
4	○	○	×	×				○
5	○	×	○	○	×			
6	○	×	○	×	×			
7	○	×	×	○	×		×	
8	○	×	×	×	×		×	
9	×	○	○	○				○
10	×	○	○	×		×		
11	×	○	×	○				○
12	×	○	×	×				○
13	×	×	○	○				○
14	×	×	○	×		×		
15	×	×	×	○			×	
16	×	×	×	×			×	

表より，前提に反しないのは行１，２，３，４，９，11，12，13の８通りの場合である．これらの中から文化委員をしない場合を探すと，行13の場合だけであり，その行において体育委員の欄には○がついているので「文化委員をしないならば体育委員をする」という結論は正しいことがわかる．

よって，この推論は正しい．

推論イについて

本推論は，２つの「pならばq」型の命題と，１つの存在命題から，別の存在命題を導くものである．もし，この推論が正しいなら，存在命題は存在命題からしか導けないことから，結論となっている「蔵書の整理が苦手な法律家」の存在は，前提にある存在命題で「厳格なしつけを受けていない法律家」の存在が保証されていることを根拠としているはずである．したがって，他の２つの命題で，「厳格なしつけを受けていない法律家の存在は蔵書の整理が苦手な法律家の存在を意味する」，言い換えると「厳格なしつけを受けていない法律家は蔵書の整理が苦手（な法律家）である」ということが言えることが，この推論が正しい必要十分条件である．ここで，他の２つの命題を見ると，どこにも「法律家」という言葉で出て来ず，一般に「人」という表現になっている．よって，この２つの命題から導くことができるとすれば，「厳格なしつけを受けていない人は蔵書の整理が苦手である」というものであるはずである．

以上より，本推論が正しいかどうかという問題は，

前提１：厳格なしつけを受けた人は几帳面である

前提２：几帳面でない人は蔵書の整理が苦手である

という２つの命題から

結論：厳格なしつけを受けていない人は蔵書の整理が苦手である

を導くという推論（推論イ－２）が正しいかどうかという問題に置き換えることができる．

この置き換えられた問題について，推論アと同様の２通りの方法で判定する．なお，解法２に関しては，今回は条件が３つ（厳格なしつけを受けたか否か／几帳面な性格か否か／蔵書の整理が苦手な否か）なので，ベン図上でもチェックできる．（ここでは省略）

解法１：条件の連鎖による方法

厳格なしつけを受けたことをp，几帳面なことをq，蔵書の整理が苦手なことをなことをrとおくと，

前提１：$p \to q$

前提２：$\overline{q} \to r$

前提１の対偶：$\overline{q} \to \overline{p}$

前提２の対偶：$\overline{r} \to q$

結論：$\overline{p} \to r$

となる．

２つの前提とその対偶を見ると，$\overline{p}$ に関する条件になっている命題は存在しない．したがって，単純な条件の連鎖によって，$\overline{p} \to r$ という結論が導かれることはない．

念のために反例を確認する．pでなく，かつ，rでないような人は，前提２の対偶によりqであることがわかるが，この $\overline{p} \wedge \overline{r} \wedge q$ であるような人が存在していたとしても，前提のいずれにも反せず，結論には反するので，この推論（推論イ－２）は誤りであることが確認され，最終的な推論イも誤りとなる．

なお，最終的な推論イについては，法律家として，この「$\overline{p} \wedge \overline{r} \wedge q$ であるような人」，つまり「厳格なしつけを受けていないが，蔵書の整理が苦手ではなく，几帳面であるような人」が存在して，結論にあるような「蔵書の整理が苦手な法律家」は存在しないとしても，３つの前提に矛盾しないということが反例となる．

解法２：表による可能性のチェック

厳格なしつけを受けたか否か／几帳面な性格か否か／蔵書の整理が苦手な否かによって，８通りの可能性の表を作り，２つの前提により排除される可能性をチェックする．

前提１で排除される可能性

……厳格なしつけを受けて，かつ，几帳面でない場合

前提２で排除される可能性

……几帳面でなく，蔵書の整理が苦手ではない場合

チェック結果は次ページの表のようになる．

行No.	厳格なしつけを受けた	几帳面	蔵書の整理が苦手	前提1	前提2	残った可能性
1	○	○	○			○
2	○	○	×			○
3	○	×	○	×		
4	○	×	×	×	×	
5	×	○	○			○
6	×	○	×			○
7	×	×	○			○
8	×	×	×		×	

表より，前提に反しないのは行１，２，５，６，７の５通りの場合である．これらの中で厳格なしつけを受けていない場合は行５，６，７の３通りあり，その中には蔵書の整理が苦手ではない場合（行６）も含まれるので，「厳格なしつけを受けていない人は蔵書の整理が苦手である」という推論イ－２の結論は誤りである．よって，最終的な推論イも誤りとなる．

推論イの反例としては，法律家として，前提１，２に反しない５通りの可能性から蔵書の整理が苦手な場合を除いた行２，６の２通りの可能性のみが存在し，中でも行６については確実に存在するようなケースが考えられる．

推論ウについて

本推論は，２つの「p ならば q」型の命題と，Ｎさんについての情報から，Ｎさんについての別の情報を導くものである．

ここでも，ア，イと同様の２通りの解法が考えられるが，解法２については取り扱う条件が５つ（内気か否か／大勢の前で上手に話ができるか否か／初対面の人に対し上手に話ができるか否か／パーティーが苦手か否か／孤独が好きか否か）あり，単純に表を書くと32行の表になってしまうので，ここではＮさんについて与えられた２つの情報について最初から固定して，残りの３つの条件に関する８つの可能性についてチェックする．

解法１：条件の連鎖による方法

内気なことをｓ，大勢の前で上手に話ができないことをｔ，初対面の人に対し上手に話ができないことをｕ，パーティーが苦手なことをｖ，孤独が好きなことをｗで表すと，

前提１：$s \to (t \wedge u)$

前提２：$v \to (s \vee w)$

前提１の対偶：$(\overline{t} \vee \overline{u}) \to \overline{s}$ （ド・モルガンの法則を利用）

前提２の対偶：$(\overline{s} \wedge \overline{w}) \to \overline{v}$ （ド・モルガンの法則を利用）

となる．また，Ｎさんの情報として

前提３：（Ｎさん）$\to (\overline{u} \wedge t)$

が与えられており，推論の結果は

結論：（Ｎさん）$\to \overline{v}$

である．

ここで，$\overline{v}$ という結論を導くような命題は，前提２の対偶 $(\overline{s} \wedge \overline{w}) \to \overline{v}$ しかないので，Ｎさんが $\overline{s}$ かつ $\overline{w}$ であることをいう必要があるが，$\overline{w}$ という結論を導くような命題は存在しないので，Ｎさんは $\overline{v}$ になるとは断定できない．

念のために反例を求めておく，Ｎさんは前提３より $\overline{u}$ でありかつｔであるが，前提１の対偶より $\overline{u}$ であるなら $\overline{s}$ でもある．しかしながら，$\overline{w}$ でない，すなわちｗであるなら，$\overline{v}$ でない，すなわちｖである可能性はある．つまり，Ｎさんが $\overline{v} \wedge t \wedge \overline{s} \wedge w \wedge v$ である，すなわち，「Ｎさんは，初対面の人に対しては平気だが，大勢の前では上手に話しができず，内気ではないが孤独が好きであり，パーティーが苦手である」場合が，すべての前提を満たしつつ結論には反する反例となるのである．

よって，推論ウは誤りである．

解法２：表による可能性のチェック

Ｎさんについて既に与えられている「初対面の人に対しては平気（上手に話ができないことはない）」「大勢の前では上手に話ができない」という情報は最初から考慮し，残りの，内気か否か／パーティーが苦手か否か／孤独が好きか否かという３つの条件についての表を作成する．つまり，今回の表は，推論ア，イのときと異なり，一般の可能性ではなく，Ｎさんに限定した可能性の表であることに注意する．

前提１で排除される可能性

……内気で，かつ，大勢の前または初対面の人に対して上手に話ができないことはない場合．ただし，既に与えられた条件から後半は独立するので，表でチェックするのは「内気である場合」である．

前提２で排除される可能性

……パーティーが苦手で，かつ，内気でも孤独が好きでもない場合．

チェック結果は次の表のようになる．

行No.	大勢の前で上手に話せない	初対面の人と上手に話せない	内気	パーティーが苦手	孤独が好き	前提１	前提２	残った可能性
1	○	×	○	○	○	×		
2	○	×	○	○	×	×		
3	○	×	○	×	○	×		
4	○	×	○	×	×	×		
5	○	×	×	○	○			○
6	○	×	×	○	×		×	
7	○	×	×	×	○			○
8	○	×	×	×	×			○

表より，前提に反しないのは行５，７，８の３通りの場合でこのうち行５の場合はパーティーが苦手であるので，これが反例となり，Ｎさんがパーティーが苦手でないとは結論づけられない．

よって，推論ウは誤りである．

以上より，正しい推論はアであり，イとウは誤りなので，正解は②となる．

4―3 乗車経験

2004年度本試験第1部第6問の検討

次は，大学入試センター適性試験（2004年６月実施）の第１部第６問です．

第６問　次の文章を読み，下の問いに答えよ．

Ｔ先生はＫ小学校２年１組の担任である．ある日，クラスの児童たちに，どんな珍しい乗り物に乗ったことがあるか尋ねた．ある児童が「新幹線」と答え，「珍しくないじゃん」という声があがった．飛行機はまだそれほど大勢ではなかったが，珍しいというほどでもなかった．「モノレール」という答えがあり，それは数名しかいなかった．そのうち１人
が自慢げに「パトカー！」と答え，みんな笑った．しかし，聞いてみると，その子だけではなかった．Ｔ先生は面白くなって，全員に用紙を渡してそれぞれ今挙げられた乗り物に（パトカーも含め）
乗ったことがあるかどうか書いてもらうことにした．次のア〜エは，その結果分かったことである．

ア：モノレールか飛行機の少なくとも一方に乗ったことがある児童は，全員新幹線に乗ったことがある．
イ：パトカーに乗ったことがある児童の中には新幹線にもモノレールにも両方とも乗ったことがあるという児童はいなかった．
ウ：パトカーに乗ったことがある児童の中には，新幹線にも飛行機にも両方とも乗ったことがあるという児童はいなかった．
エ：［ A ］児童は全員，パトカーに乗ったことがなかった．

問　ア〜ウから推論して，エの冒頭の空欄Aに入る語句として正しいものを，次の①〜⑥のうちから1つ選べ．

① 新幹線か飛行機にうち少なくとも一方に乗ったことがある
② 新幹線にも飛行機にも両方とも乗ったことがない
③ 新幹線かモノレールのうち少なくとも一方に乗ったことがある
④ 新幹線にもモノレールにも両方とも乗ったことがない
⑤ 飛行機かモノレールのうち少なくとも一方に乗ったことがある
⑥ 飛行機にもモノレールにも両方とも乗ったことがない

（2004 大学入試センター・法科大学院適性試験）

解法1：排除される可能性を真偽表形式で書く方法

ア〜ウから排除されるケースを検討してみましょう．

ア：モ or 飛 → 新　により　（モ or 飛）and $\overline{\text{新}}$　が排除される

イ：パ → $\overline{\text{新 and モ}}$　により　パ and（新 and モ）が排除される

ウ：パ → $\overline{\text{新 and 飛}}$　により　パ and（新 and 飛）が排除される

新幹線，飛行機，モノレール，パトカーに乗ったことがあるか否かにより，児童たちを $2^4=16$ 通りに類別することができる．ここで表を用いて，ア〜ウにより，排除される類別と可能性の残る類別とに振り分ける．（表は次のページ）

表により残る類別（ケース）は，2，4，6，7，8，15，16の7種である．

ここで，以上のア〜ウより

エ：A　→　$\overline{\text{パ}}$

が推論できるとは，どういうことだろうか．

ケース	新	飛	モ	パ	
1	○	○	○	○	イにより排除
2	○	○	○	×	
3	○	○	×	○	ウにより排除
4	○	○	×	×	
5	○	×	○	○	イにより排除
6	○	×	○	×	
7	○	×	×	○	
8	○	×	×	×	
9	×	○	○	○	アにより排除
10	×	○	○	×	アにより排除
11	×	○	×	○	アにより排除
12	×	○	×	×	アにより排除
13	×	×	○	○	アにより排除
14	×	×	○	×	アにより排除
15	×	×	×	○	
16	×	×	×	×	

これを考えるために，残った可能性７種をパと $\overline{\text{パ}}$ に分けてみよう．

ケース	新	飛	モ	パ
7	○	×	×	○
15	×	×	×	○

ケース	新	飛	モ	パ
2	○	○	○	×
4	○	○	×	×
6	○	×	○	×
8	○	×	×	×
16	×	×	×	×

エが排除する可能性は，$\boxed{\text{A}}$ and パ の場合である．

よって，$\boxed{\text{A}}$ の部分に肢①〜⑥を代入し，上記の７つのケースに抵触するかどうかを調べてみよう．

肢①（新 or 飛）and パ → ケース７が抵触

肢②（$\overline{\text{新}}$ or $\overline{\text{飛}}$）and パ → ケース15が抵触

肢③（新 or モ）and パ → ケース７が抵触

肢④（$\overline{\text{新}}$ or $\overline{\text{モ}}$）and パ → ケース15が抵触

肢⑤（新 or モ）and パ → 抵触するケースはない

肢⑥（$\overline{\text{飛}}$ and $\overline{\text{モ}}$）and パ → ケース15が抵触

以上の検討により，正解は⑤である．

解法2：排除される可能性の表における４要素を見やすく配列する方法

与えられたア〜エの４つの情報は，いずれもあるクラスにおけるアンケート調査の結果から得られたものであり，本問は，「ア〜ウから推論して」エの空欄を適切に埋める肢を選ぶというものである．もともとの問題の設定では，ア〜エはそれぞれが調査の結果から得られた独立な情報であるので，各情報間には「互いに矛盾しない」という以上の関係はない．従って，「ア〜ウから推論して」エの空欄を埋めるという問いは，「ア〜ウと矛盾しないように空欄を埋める適切な語句を選ぶ」という意味だと解するのがこの場合の正しい解釈だと考えられる．しかしながら，その解釈に従うと実は⑥以外はすべて正解になってしまう．どうやらこの出題者は，問題文中に「次のア〜エは，その結果分かったことである」と書いてあることを無視して，「エはア〜ウから導出されたものである」という新たな設定を導入した上で「ア〜ウから推論して」という表現を用いているようである．素直に問題を読むと，明らかにこれは曲解であり，出題者の思い込みによる出題ミスである．丁寧に問題文を読まずに，「ア〜ウから推論して」という言葉じりだけ捉えて出題者と同じ「誤読」をした受験生は，「出題者の意図した正解」である⑤にたどり着くであろうが，問題文を丁寧に読んで正しく解釈できた受験生は，正解が１つに絞れないことが判明した時点で初めて出題者の意図がそこにないことに気付くことになり，大変な時間ロスを強いられる．

以下，本問の問いを「エをア～ウから推論により導くことのできる情報であるとするとき，エの冒頭の空欄Ａに入る語句として正しいものを選べ」であるとみなした上で解説する．

情報アは，「Ｐである児童はすべてＱである」という形をとっており，これは「Ｐであって，かつ，Ｑでない児童はいない」と言い換えることができる．また，情報イ，ウは，「Ｐである児童の中には，Ｑである児童はいなかった」という形をとっており，これは「Ｐであって，かつ，Ｑである児童はいない」ことを意味する．このことから，ア～ウの情報を「～である児童はいない」という形の表現で統一すると，次のようになる．

ア：モノレールか飛行機の少なくとも一方に乗ったことがあり，
　新幹線には乗ったことがない児童はいない
イ：パトカーにも新幹線にもモノレールにも乗ったことがある
　児童はいない
ウ：パトカーにも新幹線にも飛行機にも乗ったことがある児童
　はいない

ここでさらに，新幹線，飛行機，モノレール，パトカーのそれぞれに乗ったことがあるかないかを，○新／×新，○飛／×飛，○モ／×モ，○パ／×パのように表すとすると，ア～ウの各情報は次のように書くことができる．

ア：（○モ または ○飛） かつ ×新　である児童はいない
イ：○パ かつ ○新 かつ ○モ　である児童はいない
ウ：○パ かつ ○新 かつ ○飛　である児童はいない

よって，ア～ウの情報よりいないことがわかる児童は，次の表の×印のようになる．

		○新		×新	
		○飛	×飛	○飛	×飛
○モ	○パ	×(イ,ウ)	×(イ)	×(ア)	×(ア)
	×パ			×(ア)	×(ア)
×モ	○パ	×(ウ)		×(ア)	
	×パ			×(ア)	

各乗り物に乗ったことがあるかどうかの組合せにおいて，この表で×がついている箇所に相当するような児童は，ア〜ウよりいないことがわかるが，×がついていない箇所に相当する児童については，いてもいなくてもア〜ウとは矛盾しない．

この表をもとに，エの空欄に各肢をあてはめたものがア〜ウから導けるかどうか，すなわち，この表から各肢に当てはまる児童が全員パトカーに乗ったことがないと言えるかどうかを検討する．

①導くことはできない

思考整理ポイントの表において，本肢に相当する児童，すなわち「○新または ○飛」であるような児童は，次の網掛の部分である．

		○新		×新	
		○飛	×飛	○飛	×飛
○モ	○パ	×	×	×	×
	×パ			×	×
×モ	○パ	×		×	
	×パ			×	

情報ア〜ウより，この網掛の中で×印が付いている箇所に相当する児童はいないことがわかっているが，「○新 かつ ×飛 かつ ×モ かつ ○パ」（表の太線部）に相当する児童は存在する可能性があるので，本肢に相当する児童のうちパトカーに乗ったことがある者がいる可能性は否定できない．

よって，情報ア〜ウより，本肢に相当する児童は全員パトカーに乗ったことがないことを導くことはできない．

②導くことはできない

同様に，本肢に相当する児童，すなわち「×新 かつ ×飛」である児童を網掛で示す．

		○新		×新	
		○飛	×飛	○飛	×飛
○モ	○パ	×	×	×	×
	×パ			×	×
×モ	○パ	×		×	
	×パ			×	

「×新 かつ ×飛 かつ ×モ かつ ○パ」（表の太線部）に相当する児童が存在する可能性があるので，本肢に相当する児童のうちパトカーに乗ったことがある者がいる可能性は否定できない．

よって，情報ア〜ウより，本肢に相当する児童は全員パトカーに乗ったことがないことを導くことはできない．

③導くことはできない

本肢に相当する児童，すなわち「○新 または ○モ」である児童を網掛で示す．

		○新		×新	
		○飛	×飛	○飛	×飛
○モ	○パ	×	×	×	×
	×パ			×	×
×モ	○パ	×		×	
	×パ			×	

「○新 かつ ×飛 かつ ×モ かつ ○パ」（表の太線部）に相当する児童が存在する可能性があるので，本肢に相当する児童のうちパトカーに乗ったことがある者がいる可能性は否定できない．

よって，情報ア～ウより，本肢に相当する児童は全員パトカーに乗ったことがないことを導くことはできない.

④導くことはできない

本肢に相当する児童，すなわち「×新 かつ ×モ」である児童を網掛で示す.

<table>
<tr><td></td><td></td><td colspan="2">○新</td><td colspan="2">×新</td></tr>
<tr><td></td><td></td><td>○飛</td><td>×飛</td><td>○飛</td><td>×飛</td></tr>
<tr><td rowspan="2">○モ</td><td>○パ</td><td>×</td><td>×</td><td>×</td><td>×</td></tr>
<tr><td>×パ</td><td></td><td></td><td>×</td><td>×</td></tr>
<tr><td rowspan="2">×モ</td><td>○パ</td><td>×</td><td></td><td>×</td><td></td></tr>
<tr><td>×パ</td><td></td><td></td><td>×</td><td></td></tr>
</table>

「×新 かつ ×飛 かつ ×モ かつ ○パ」（表の太線部）に相当する児童が存在する可能性があるので，本肢に相当する児童のうちパトカーに乗ったことがある者がいる可能性は否定できない.

よって，情報ア～ウより，本肢に相当する児童は全員パトカーに乗ったことがないことを導くことはできない.

⑤導くことができる

本肢に相当する児童，すなわち「○飛 または ○モ」である児童を網掛で示す.

<table>
<tr><td></td><td></td><td colspan="2">○新</td><td colspan="2">×新</td></tr>
<tr><td></td><td></td><td>○飛</td><td>×飛</td><td>○飛</td><td>×飛</td></tr>
<tr><td rowspan="2">○モ</td><td>○パ</td><td>×</td><td>×</td><td>×</td><td>×</td></tr>
<tr><td>×パ</td><td></td><td></td><td>×</td><td>×</td></tr>
<tr><td rowspan="2">×モ</td><td>○パ</td><td>×</td><td></td><td>×</td><td></td></tr>
<tr><td>×パ</td><td></td><td></td><td>×</td><td></td></tr>
</table>

ここで，網掛部の中で「○パ」の欄を見ると全て×印がついている．つまり，本肢に相当する児童のうちパトカーに乗ったことのある者がいる可能性は全て情報ア～ウにより否定されていることがわかる.

よって，情報ア～ウより，本肢に相当する児童は全員パトカーに乗ったことがないことを導くことができる.

⑥導くことはできない

本肢に相当する児童，すなわち「×飛 かつ ×モ」である児童を網掛で示す.

		○新		×新	
		○飛	×飛	○飛	×飛
○モ	○パ	×	×	×	×
	×パ			×	×
×モ	○パ	×		×	
	×パ			×	

「○新 かつ ×飛 かつ ×モ かつ ○パ」及び「×新 かつ ×飛 かつ ×モ かつ ○パ」（表の太線部）に相当する児童が存在する可能性があるので，本肢に相当する児童のうちパトカーに乗ったことがある者がいる可能性は否定できない.

よって，情報ア～ウより，本肢に相当する児童は全員パトカーに乗ったことがないことを導くことはできない.

以上より，エの冒頭の空欄に入る語句として正しいのは⑤である.

●曖昧な日本語で論理的に考える

解説において，「Ｐである児童はすべてＱである」＝「ＰであってＱでない児童はいない」であるとしたが，厳密にいうと，「ＰであるものはすべてＱである」と言った場合には通常の日本語の解釈として，まず「Ｐであるものが存在する」ということが暗黙の前提として存在するとみなされることがある．形式論理における「ＰならばＱ」は，単純に「ＰであってＱでないものは存在しない」と解釈されるが，「ＰであるものはすべてＱである」という表現では，形式論理の世界の命題として解釈するときに，単純に「ＰならばＱ」と解釈するのか，「Ｐであるものが存在し，かつ，ＰならばＱ」と解釈するべきなのかが曖昧なのである．もっと言えば，「すべて」という言葉の存在から，「Ｐであるものが『複数』存在する」ということが暗黙の前提として存在するという解釈も成立しうる.

本問においては，ア〜エの各命題の上記のような解釈の違いが問題にならないように，「Ｐである児童はすべてＱである」と言う場合の「Ｐである児童」は複数存在することをあらかじめ問題の設定の中で述べている．問題文中に不自然にごちゃごちゃと述べているのはすべて，「新幹線に乗ったことがある児童」「飛行機に乗ったことのある児童」「モノレールに乗ったことのある児童」「パトカーに乗ったことのある児童」がいずれも複数人数存在することを示すための設定なのである．

実際には，これらの設定が存在しなくても，また「Ｐである児童はすべてＱである」をどちらの意味に解釈しても，ア〜ウから導出されるようにエの空欄を埋めるものが⑤であるということには変わりはない．これらの設定が問題として本質的でないのであれば，余計な設定を増やすのではなく，ア〜エの各命題の表現の多義性を排除するべきなのではないか．これらの設定の存在は，各命題の表現の多義性に対するエクスキューズにはなりえないのである．論理の操作に関する出題においては，日本語を形式論理の命題として解釈する際の曖昧さという問題は常につきまとうが，本来，日本語の解釈の問題と，解釈した後の純粋に論理的な操作の問題とは，明確に切り分けて考えるべきである．本問における曖昧な部分のごまかし方には，日本語の解釈の曖昧な部分を曖昧なまま扱おうという姿勢が見て取れるが，このようなごまかしを繰り返している限り，論理的なものの考え方は身に付かないと考えていただきたい．

また，思考整理ポイントでも述べた問いの表現の不備のため，出題者の意図とは異なる解釈をした受験生からみると，問題の設定の中に余分な存在命題が４つ存在することから，「これらの存在命題と矛盾する肢を排除する問題なのではないか」と考えてしまい，出題者の意図が別の所にあることに気付くのがなおさら遅れた可能性もある（実際，問いを「ア〜ウと矛盾しないようにエの空欄を埋める」と解釈した場合に，⑥は「ア〜ウと組み合わせると『パトカーに乗った児童が存在する』という設定と矛盾する」という理由で排除できる）．これも，曖昧さをごまかすために余計な設定をしたために生じた混乱の１つであるといえるだろう．

4—4 すしの好み

2004年度追試験第1部第6問の検討

最後に，2004年7月実施追試験の第1部6問です．

ある会社の社内誌の企画で，すしの好みについてアンケートをとったところ，次のア～ウのことがわかった．

ア　納豆巻きを食べられない人は全員，一切の貝類を食べられない．

イ　納豆巻きも赤貝も食べられる人はすべて，玉子も食べられる．

ウ　納豆巻きを食べられる人の中には，貝類を一切食べられない人はいない．

問　ア～ウの条件にしたがって必ず成り立つことを，次の①～⑥のうちから2つ選べ．

① 玉子が食べられない人がいるとしたら，その人には食べられない貝類がある．

② 納豆巻きを食べられる人は，玉子も食べられない．

③ 納豆巻きを食べられる人は，玉子も食べられる．

④ 赤貝は食べられないがほたて貝を食べられる人がいるとしたら，その人は納豆巻きも食べられる．

⑤ 赤貝を食べられない人は，玉子も食べられない．

⑥ 玉子を食べられる人の中には，貝類を一切食べられない人はいない．

（2004 大学入試センター・法科大学院適性試験（追試験））

本問は，与えられた３つの命題が成り立つとするとき，必ず成り立つと言える命題，すなわち与えられた命題だけから導出できる命題を選ぶ問題である．このように，複数の命題から他の命題を導く問題では，与えられた各命題を，必要に応じて対偶等を用いてうまく言い換えたうえで三段論法で連鎖させて，各肢を導くことができるかどうかを検討するということもできるが，それはあくまでも発見的手法であり，うまく連鎖の道筋を見つけられるかどうかは予測がつかず，時間の制約のある試験においてはリスクが大きい．ここでは，与えられた条件で規定される内容を過不足なく表現でき，多少手間はかかるが確実に正解を見つけられる「各命題で否定される可能性をチェックする」方法と，チェック表を使わない方法の２通りで解説する．

今回与えられた命題及び選択肢は，いずれも「納豆巻き」「貝類」「赤貝」「玉子」が食べられるか否かという条件に関するものであるが，このうち「貝類」は総称であり，漠然と「貝類を食べられる」と言ってしまうと，「いかなる貝類であっても食べられる」という意味なのか，「食べられる貝類がある」という意味なのかが曖昧になってしまうことに注意が必要である．問題を検討している途中で，曖昧な表現を使うことにより，自分自身を混乱させてしまう恐れがあるのである．必要に応じて「全ての」「いかなる」「～がある」などの表現を用いて，常に意味の曖昧さを排除するように気をつけながら検討するようにしたい．

また，「貝類」は「赤貝」を含むので，次のような命題が必ず成立する．

「赤貝を食べられる」　ならば　「その人が食べられる貝類がある」
「一切の貝類を食べられない」　ならば　「赤貝を食べられない」

命題ア～ウの中では，貝類は，「一切食べられない」かどうかという形で現れる．「貝類が一切食べられない」の補完的否定が「食べられる貝類がある」であって，「全ての貝類を食べられる」ではないことに注意すると，赤貝を含む貝類の好き嫌いによって，アンケートの対象の人々を

・赤貝も含め，一切の貝類を食べられない
・食べられる貝類はあるが，赤貝は食べられない
・食べられる貝類があり，赤貝も食べられる

という３通りに分類することができる．他の「納豆巻き」「玉子」については，それぞれ食べられるか否かで２通りに分類できるので，結局すしネタの好き嫌いによって，下表のように $3\times2\times2 = 12$通りに分類できることになる．

		食べられる貝類がある		一切の貝類を食べられない
納豆巻きを↓	玉子を↓	赤貝を食べられる	赤貝を食べられない	
食べられる	食べられる			
	食べられない			
食べられない	食べられる			
	食べられない			

「各命題で否定される可能性をチェックする」方法では，各命題によりこの表のどの欄に相当するような人の存在が否定されているかをチェックしていく．その際，「Ｐであるものは（すべて）Ｑである」という命題は「ＰであってＱでないものはない」と言い換えて，「ＰであってＱでない」ものが存在する可能性を否定していると考える．
ア〜ウの命題は，次のように言い換えることができる．

ア：納豆巻きは食べられず，食べられる貝類はあるような人はいない
イ：納豆巻きと赤貝は食べられ，玉子は食べられないような人はいない
ウ：納豆巻きは食べられ，貝類は一切食べられないような人はいない

この各命題で，存在を否定されている種類の人を×印でチェックすると，次表のようになる．

		食べられる貝類がある		一切の貝類を食べられない
納豆巻きを↓	玉子を↓	赤貝を食べられる	赤貝を食べられない	
食べられる	食べられる			×ウ
	食べられない	×イ		×ウ
食べられない	食べられる	×ア	×ア	
	食べられない	×ア	×ア	

この表は，✕印が付いている箇所に相当する人はアンケートに答えた人の中にはおらず，✕印が付いていない箇所に相当する人は，いる可能性がある（いてもいなくてもア～ウの各命題には矛盾しない）ことを意味する．

表を使わずに考える場合は，命題アとウが互いに「裏」の関係（「Ｐならば Q」に対して「Ｐでないならば Q でない」）にあることに注意する．アンケートに答えた人を「納豆巻きを食べられる人」と「納豆巻きを食べられない人」の２グループに分けると，アより，納豆巻きを食べられない人のグループは全員一切の貝類を食べられず，ウより，納豆巻きを食べられる人のグループには貝類を一切食べられない人はいないのであるから，「納豆巻きを食べられない人」の集合は，「貝類を一切食べられない人」の集合と過不足なく一致することになる．つまり，命題ア～ウが成立する条件の下では，「納豆巻きを食べられない」ことと「貝類を一切食べられない」ことは，論理的に等価とみなせるのである．当然，「納豆巻きを食べられる」ことと「貝類を一切食べられないわけではない（＝食べられる貝類がある）」ことも，論理的に等価とみなせる．

以上を踏まえ，各肢を検討する．

①　必ず成り立つ

「玉子が食べられない人」に相当するのは，次表で太線で囲んだ部分である．この中で，×印が付いていない欄は，すべて「赤貝を食べられない」領域に含まれている．したがって，玉子を食べられない人には「赤貝」という食べられない貝類があることになる．

		食べられる貝類がある		一切の貝類を食べられない
納豆巻きを↓	玉子を↓	赤貝を食べられる	赤貝を食べられない	
食べられる	食べられる			✕ウ
	食べられない	✕イ		✕ウ
食べられない	食べられる	✕ア	✕ア	
	食べられない	✕ア	✕ア	

表を使わずに考えると，イの対偶より

玉子が食べられない→納豆巻きを食べられない，または赤貝を食べられない

となり，アより

納豆巻きが食べられない→一切の貝類を食べられない

が言えるので，結局，玉子を食べられない人は「納豆巻きが食べられず，かつ，一切の貝類を食べられない」または「赤貝を食べられない」ことになり，いずれにせよ食べられない貝類があることになる．

よって，「玉子が食べられない人がいるとしたら，その人には食べられない貝類がある」とする本肢は，必ず成り立つ．

② 必ず成り立つとは言えない

「納豆巻きを食べられる人」に相当するのは，次表で太線で囲んだ部分である．この中で，×印が付いていない欄を見ると「玉子を食べられる」領域に含まれるものが存在するため，納豆巻きを食べられる人の中に玉子が食べられる人がいる可能性があることがわかる．

		食べられる貝類がある		一切の貝類を食べられない
納豆巻きを↓	玉子を↓	赤貝を食べられる	赤貝を食べられない	
食べられる	食べられる			×ウ
	食べられない	×イ		×ウ
食べられない	食べられる	×ア	×ア	
	食べられない	×ア	×ア	

表を使わずに考えると，玉子を食べられるか否かについて触れているのは命題イだけであるが，この命題は「ある種類の人は玉子を食べられる」というものであり，その種類以外の人が玉子を食べられないとは言っていないことから，極端な場合全員が玉子を食べられるとしても各命題には矛盾しないことになり，命題ア～ウから「ある種類の人は玉子を食べられない」という結論を導くことはできない．

よって，「納豆巻きを食べられる人は，玉子を食べられない」とする本肢は，必ず成り立つとは言えない．

③　必ず成り立つとは言えない

「納豆巻きを食べられる人」に相当するのは，肢②の表で太線で囲んだ部分であり，この中で，×印が付いていない欄を見ると「玉子を食べられない」領域に含まれるものが存在するため，納豆巻きを食べられる人の中に玉子を食べられない人がいる可能性があることがわかる．

表を使わずに考えると，次のようになる．玉子を食べられるか否かについて触れているのは命題イだけであり，この命題で「玉子を食べられる」とされているのは「納豆巻きも赤貝も食べられる人」だけである．したがって，「納豆巻きは食べられるが赤貝は食べられない人」が玉子を食べられるか否かについてはどこにも触れられておらず，そのような人の中に玉子を食べられない人が存在する可能性は残る．思考整理ポイントで見た通り，「納豆巻きを食べられる」ことと「食べられる貝類がある」ことは，論理的に等価と見なせるが，食べられる貝類があっても赤貝を食べられるとは限らないので，「納豆巻きは食べられるが赤貝は食べられない人」の存在自体も否定されず，その中に玉子を食べられない人がいるかもしれないのである．

よって，「納豆巻きを食べられる人は，玉子も食べられる」とする本肢は，必ず成り立つとは言えない．

④　必ず成り立つ

「赤貝は食べられないがほたて貝を食べられる人」は，全員次表で太線で囲んだ部分に含まれる．ここで，食べられる貝類がある人がみな，ほたて貝を食べられるとは限らないが，ほたて貝を食べられる人は全員「食べられる貝類がある人」に含まれることに注意する．太線の中で，×印が付いていない欄は，すべて「納豆巻きを食べられる」領域に含まれている．したがって，赤貝は食べられないがほたて貝を食べられる人はみな，納豆巻きを食べられると言えることになる．

		食べられる貝類がある		一切の貝類を食べられない
納豆巻きを↓	玉子を↓	赤貝を食べられる	赤貝を食べられない	
食べられる	食べられる			×ウ
	食べられない	×イ		×ウ
食べられない	食べられる	×ア	×ア	
	食べられない	×ア	×ア	

表を使わずに考えると，「赤貝は食べられないがほたて貝を食べられる人」には，少なくとも「ほたて貝」という食べられる貝類があることになり，思考整理ポイントで見たように，「納豆巻きを食べられる」ことと「食べられる貝類がある」ことは，論理的に等価と見なせるので，

赤貝は食べられないがほたて貝を食べられる
→　食べられる貝類がある
⇔　納豆巻きを食べられる

という図式が成立し，結局

赤貝は食べられないがほたて貝を食べられる→納豆巻きを食べられる

と言えるのである．

よって，「赤貝は食べられないがほたて貝を食べられる人がいるとしたら，その人は納豆巻きも食べられる」とする本肢は，必ず成り立つ．

⑤　必ず成り立つとは言えない

「赤貝を食べられない人」に相当するのは，次表で太線で囲んだ部分である．この中で，×印が付いていない欄を見ると「玉子を食べられる」領域に含まれるものが存在するため，赤貝を食べられない人の中に玉子が食べられる人がいる可能性があることがわかる．

納豆巻きを↓	玉子を↓	食べられる貝類がある		一切の貝類を食べられない
		赤貝を食べられる	赤貝を食べられない	
食べられる	食べられる			×ウ
	食べられない	×イ		×ウ
食べられない	食べられる	×ア	×ア	
	食べられない	×ア	×ア	

表を使わずに考えると，肢②の解説で見たように，玉子を食べられるか否かについて触れているのは命題イだけであり，その命題は「ある種類の人は玉子を食べられる」というものであることから，命題ア～ウから「ある種類の人は玉子を食べられない」という結論を導くことはできない．

よって，「赤貝を食べられない人は，玉子も食べられない」とする本肢は，必ず成り立つとは言えない．

⑥　必ず成り立つとは言えない

「玉子を食べられる人」に相当するのは，次表で太線で囲んだ部分である．この中で，×印が付いていない欄を見ると「一切の貝類を食べられない」領域に含まれるものが存在するため，玉子を食べられる人の中に貝類を一切食べられない人がいる可能性があることがわかる．

納豆巻きを↓	玉子を↓	食べられる貝類がある		一切の貝類を食べられない
		赤貝を食べられる	赤貝を食べられない	
食べられる	食べられる			×ウ
	食べられない	×イ		×ウ
食べられない	食べられる	×ア	×ア	
	食べられない	×ア	×ア	

表を使わずに考えると，次のようになる．玉子を食べられるか否かについて触れているのは命題イだけであるが，対偶を取ると「玉子を食べられない人は，納豆巻きを食べられないか，または赤貝を食べられない」となり，この命題からは「玉子を食べられない人」についての情報は得られる

が，「玉子を食べられる人」についての情報は得られない．命題アとウから「納豆巻きを食べられない」ことと「貝類を一切食べられない」ことは論理的に等価と見なせるが，「玉子を食べられる人」の中に「貝類を一切食べられない（＝納豆巻きを食べられない）人」がいるかどうかは不明なままである．

よって，「玉子を食べられる人の中には，貝類を一切食べられない人はいない」とする本肢は，必ず成り立つとは言えない．

以上より，正解は①と④となる．

第5章

数学における含意命題

5—1 反例と否定

含意命題を理解する

第５章以降は，高校数学における含意命題の取り扱いをみていきましょう．ここでは高校「数学Ｉ」の最初の単元「数と式」から，命題と集合・論理の項目を取り上げましょう．悪の帝国（＝文部科学省）の謹製による悪の経典（＝検定教科書）の当該部分の記述は，驚くほど貧弱というしかない．

数学の語彙の中でも，論理を司ることばとして，次の６個が重要で，これらを完璧にマスターすることが求められます．

かつ（and），または（or），でない（not），ならば（imply），
すべての（all），ある・存在する（exist）

ここでは，ならば（imply）について取り上げます．一般に，２つの条件 p と q があるとき，これらの真偽には（組合せで）次の４つのケースが考えられます．

① p,q ともに真，　② p は真で q は偽，

③ p は偽で q は真，④ p,q ともに偽，

この４つの場合をもれなく考えるためのツールとして，つぎの３つのいずれかを使いこなします．

1°　ベン図

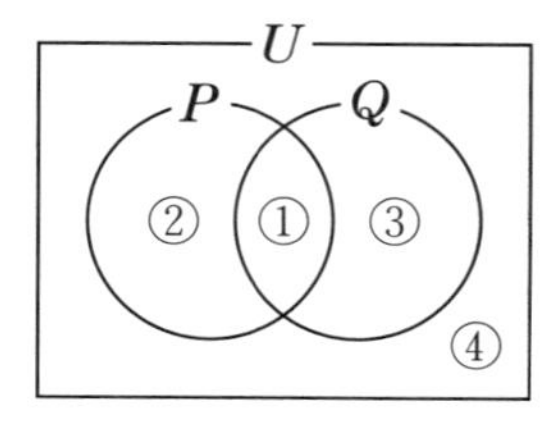

2°　カルノー図

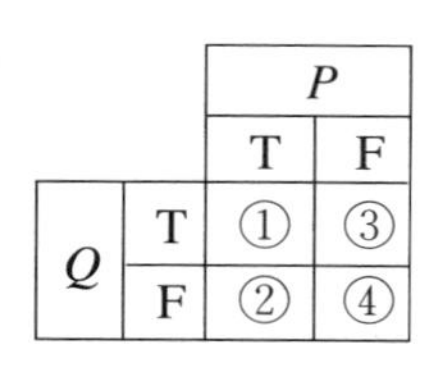

		P	
		T	F
Q	T	①	③
	F	②	④

3°　真偽表

	p	q
①	T	T
②	T	F
③	F	T
④	F	F

検定教科書ではベン図による説明が書かれていますが，考える対象によっ

てはベン図では不適切で，カルノー図，真偽表がよい場合もあれば，数直線がよいとか，xy 平面に図示するのがよいとか，いろいろなケースがあります．当面はベン図で説明を続けましょう．

変数 x を含む２つの条件 $p(x)$，$q(x)$ があって，x の定義域が U であるとし，$p(x)$，$q(x)$ の真理集合を P，Q としましょう．「かつ」「または」という言葉を使ってつくられる新しい条件が真になる場合を，次のように定義（約束）します．

１°　条件「 $p(x)$ かつ $q(x)$ 」の真理集合は，積集合「$P \cap Q$ 」である．
２°　条件「 $p(x)$ または $q(x)$ 」の真理集合は，和集合「$P \cup Q$ 」である．

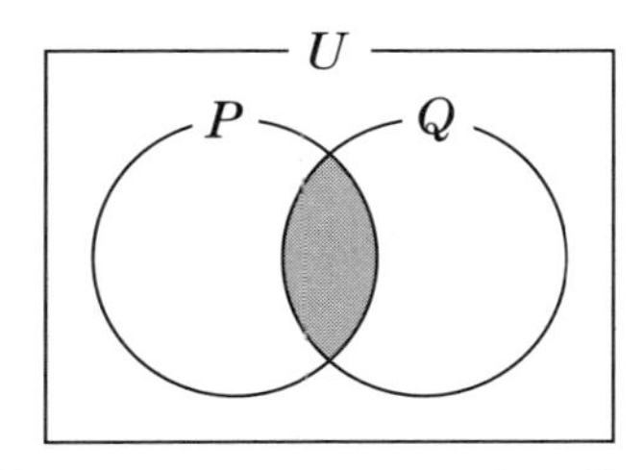

「 $p(x)$ かつ $q(x)$ 」の真理集合

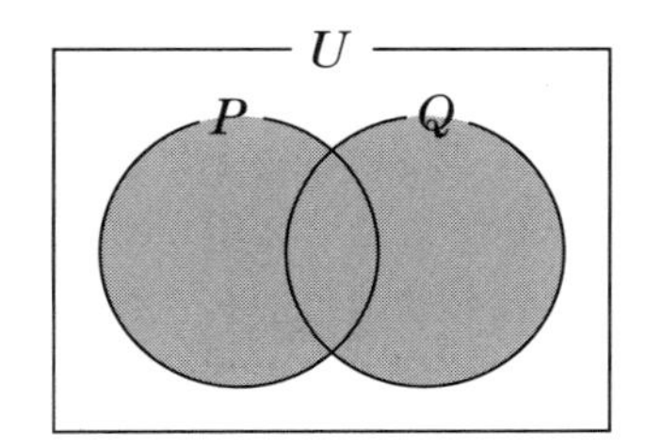

「 $p(x)$ または $q(x)$ 」の真理集合

ここで「または」は，文脈に依存して大きく意味が異なる言葉のひとつなので，注意が必要です．

数学や形式論理の場面で「p または q 」といったときは

① p であって，q である
② p であって，q ではない
③ p でなくて，q である

という３つのケースを含むものとしています．この立場の「または」を両立的選言（弱選言）という．ポイントは上の①のケースを含むということです．

他方，日常生活の多くの場面で「p または q」は，上の②と③の２つだけしか含んでいない使い方があります．つまり

①　p であって，q である

を排除しているわけで，このような「または」を排他的選言（背反的選言・強選言）といい，区別をします．

それぞれの例を挙げておきましょう．たとえば，「奨学金は，経済的に困窮している学生または成績優秀な学生に与えられる」というときの「または」は，経済的に困窮している成績優秀な学生（すなわち p であって，q であるケース）を，当然に含んでいると解釈します．しかし，学校の先生が学期の始めに「成績の評価は，テストまたはレポートで行います」と言って，その学期末に「テストとレポートを両方課す」としたならば，学生たちは話が違うと怒るであろう．このように，日常のことばにおいては，「または」の意味が両立的か排他的かは，文脈に依存します．このような文脈依存性を排除するためには，両立的か排他的かのどちらかに「または」の意味を決める必要があります．数学・論理学では，意味を広く取った両立的選言を採用します．もちろん，排他的選言を選べばそれはそれで体系を作ることができますが，論理学の体系を作る上では通常，両立的選言の意味とした方が扱いやすいということで，両立的選言の方を選んでいるのです．

次に「否定」（……でない）について確認をします．条件 $p(x)$ の否定を $\overline{p(x)}$ とかく．また，$p(x)$ の真理集合 P に対して $\overline{p(x)}$ の真理集合は $\overline{P}$（補集合）であると決めます．その結果，$P \cap Q = \varnothing$，$P \cup \overline{P} = U$（$\varnothing$ は空集合，U は全体集合）ということになります．

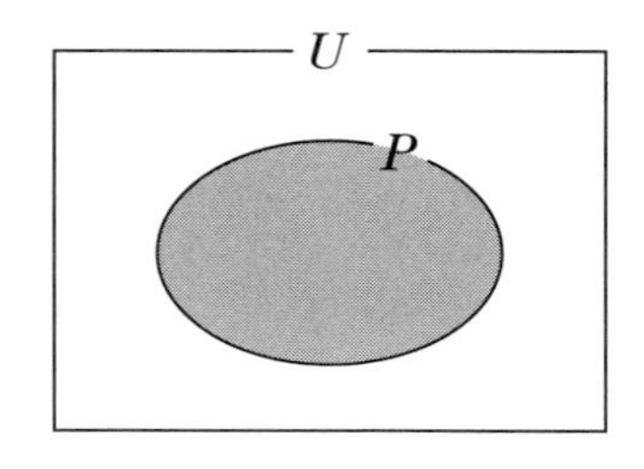

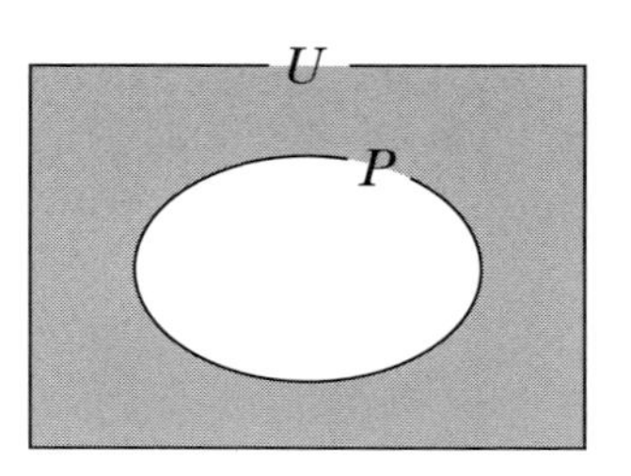

かつ，またはで結ばれる条件の否定は，次のように処理をします（ド・モルガンの法則）．

1°　$\overline{p(x) \wedge q(x)} = \overline{p(x)} \vee \overline{q(x)}$

2°　$\overline{p(x) \vee q(x)} = \overline{p(x)} \wedge \overline{q(x)}$

ド・モルガンの法則を真理集合で表現すると，次のようになります．

1°　$\overline{P \cap Q} = \overline{P} \cup \overline{Q}$

2°　$\overline{P \cup Q} = \overline{P} \cap \overline{Q}$

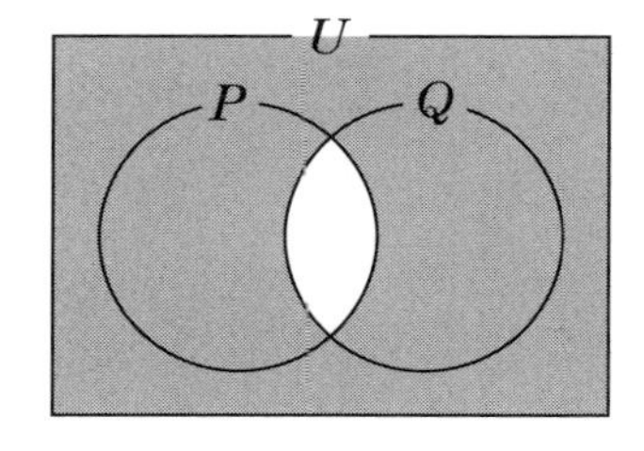

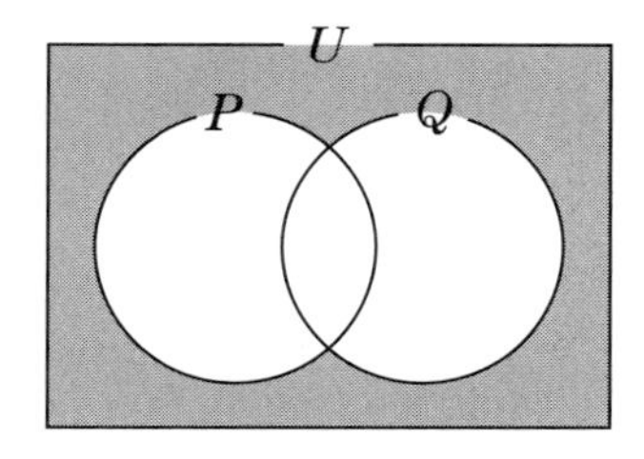

ここまで「かつ」「または」「でない」を準備して，ようやく「ならば」に入ることができます．

「$p \to q$」（p ならば q）という「条件」の真偽を決めていきましょう．

p と q の真偽には（組合せで）次の４つのケースがあります．

① p,q ともに真,

② p は真で q は偽

③ p は偽で q は真

④ p,q ともに偽

「p ならば q」がみたされないケースは

② p は真で q は偽

であるから，このような場合を排除するものとします．

すなわち，条件「p ならば q」の真偽は，①，③，④の場合に「真（True）」，②の場合だけ「偽（False）」と定義する（決める）のです．

例を使って説明しましょう．

p：明日晴れる

q：遊びに連れて行ってあげる

としましょう．「p ならば q」というのは，

p ならば q：明日晴れるならば遊びに連れて行ってあげよう

ということになるので，４つのケースについて全部検討しましょう．

①のケースは，翌日は晴れて，そして遊びにも行った．
これは約束は守ってもらったわけで，真（True）である．

②のケースは，翌日晴れた，そして遊びに行かなかった．
ひどいと怒られ，約束を破ったと言われるのでこれは偽（False）である．

③のケースは，翌日晴れていなかった．しかし，遊びに行った．真なのか偽なのかちょっと迷うところだが，約束は破られていないので真と決める．

④のケースは，翌日晴れてない，そして遊びにも行かない．別に文句を言われる筋合はない．

③，④に関しては，もともと「明日晴れたら遊びに連れて行くよ」と言っていたのだから，p でないときに関しては（発言者は）一切関知しないという日常感覚があります．ここでは何か真偽を決めないといけないから，少なくとも晴れてないときに関しては遊びに行こうが行くまいが約束を破ったとは言わせない，と考えます．

もう１つの理解の方法として，「（p でありながらかつ q でない）ことはない」と考えてみましょう．先ほどの例で「明日晴れてたら遊びに連れて行ってあげるよ」とは，「明日晴れていながら，かつ，遊びに連れていかない，なんてひどいことはしない」と読み替えることができる．こういうのを読むときに，「ない」という否定の言葉が２箇所あるが，「ない」という否定語はそれぞれどの範囲を否定するのかということに注意を向けなければなりません．

「明日晴れていながら，かつ，遊びに連れていかない，なんてひどいことはしない」すなわち「（ p でありながらかつ q でない）ことはない」において，最初の「ない」は q だけを否定しているのに対し，２番目の「ない」は（ p でありながらかつ q でない）という括弧全体を否定しています．ここからド・モルガンの法則を使います．

（ p ，かつ，q でない）の否定

＝（ p でない，または，q でなくない）

＝（ p でない，または q ）

では，ここまでの話の理解をもとに，ベン図で行ってきた説明を，真偽表による説明に書き換えてみましょう．
「かつ」「または」「でない」の真偽は，次の表のように決めます．

否定演算子 $\overline{p}$

p	$\overline{p}$
T	F
F	T

連言演算子 $p \wedge q$

p	q	$p \wedge q$
T	T	T
T	F	F
F	T	F
F	F	F

選言演算子 $p \vee q$

p	q	$p \vee q$
T	T	T
T	F	T
F	T	T
F	F	F

（真を T，偽を F で表した．真を 1，偽を 0 で表す方法もある．
どちらを用いてもよい）

含意演算子 $p \to q$ は，p , q に対して，p が真で q が偽のときにのみ偽の値を返し，それ以外は真の値を返すという働きをしているものと定めます．

含意演算子 $p \to q$ の真偽表

p	q	$p \to q$
T	T	T
T	F	F
F	T	T
F	F	T

以上の事実が理解できていると，次の問いに即答できます.

条件「 p ならば q 」の否定（反例）は何ですか？

これが即答できる人が，基礎力が整っている人です．だいたい，高校生の1割に満たないでしょう.

正解は「p かつ $\overline{q}$ 」です.

条件「 p ならば q 」の否定（反例）とは「p であるが q でないことがある」でありました．そこで,

「『p ならば q 』ではない」が

「p であるが q でないことがある」なので,

「p ならば q 」が

「『p であるが q でないことがある』のではない」

と真偽が一致するように決めると考えてみましょう．つまり「『p かつ $\overline{q}$ 』ではない」の真偽を調べ，それと「p ならば q 」の真偽が一致するように決めるのです.

p	q	$\overline{q}$	$p \land \overline{q}$	$\overline{(p \land \overline{q})}$
T	T	F	F	T
T	F	T	T	F
F	T	F	F	T
F	F	T	F	T

これが，既出の（含意演算子） $p \to q$ の真偽表と一致していることを確認して下さい.

ここまでを理解して，ようやく「必要条件」と「十分条件」が分かるようになります．一般的には，次のように説明されます.

変数 x を含む条件 $p(x)$，$q(x)$ の真理集合をP，Q としましょう．
いま，$P \subseteq Q$ となっているとき，これは

「$p(x)$ をみたす x は，すべて $q(x)$ をもみたす」

ことを意味しているから，

$p(x) \to q(x)$

と書いて，

$q(x)$ を「$p(x)$ であるための必要条件」

$p(x)$ を「$q(x)$ であるための十分条件」

と定義します．

これは「定義」なので，何が何でも覚えなければなりません．ここでの正確な記憶を疎かにしていると，他のところで怪我をします．定義だけは，細心の注意を払って，正確に，覚えなければなりません．したがって，定義を問われた場合には，直ちに，正確に，答えられるようにしましょう．これは，数学のすべての分野の学習における基本的な態度です．何度も強調しますが，定義だけは，何が何でも正確に覚えるしかない．そいこで，私が昔から使っている，くだらない覚え方があるので，紹介します．いいですか，くだらないので，覚悟して下さい．

ある日，P がQ を刺して（⇒）しまった．

痛がるQ は「ギャー，手当が必要だ．」

刺したP は「もうウラミも晴れたぜ．十分だ．」

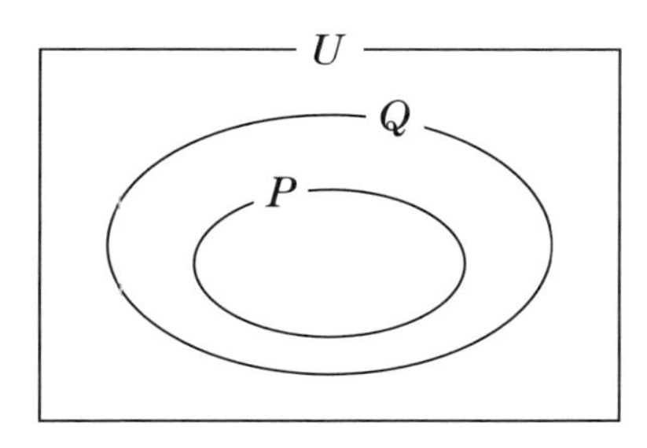

刺されると，イタイので，手当をしてあげなければならないし，場合によっては救急車を呼んであげることが「必要」なのです．これまで多くの人が「あまりのくだらなさに二度と忘れなくなった」と言ってくれます．

さて，条件「 p ならば q 」との関係でも説明をし直しておきましょう．変数 x を含む条件に対し，

「$p(x) \to q(x)$ 」（$p(x)$ ならば$q(x)$ ）

という「条件」を考えます．ここで，「すべての x について$p(x)$ ならば$q(x)$ が真」（全称命題）である場合，

$q(x)$ を，$p(x)$ であるための 必要条件（necessary condition）

$p(x)$ を，$q(x)$ であるための 十分条件（sufficient condition）

と定義します．

「すべての x について$p(x)$ ならば $q(x)$ が真」とは，どういうことでしょう．復習になりますが，$p(x)$ と$q(x)$ の真偽には（組合せで）４つのケースがありました．

① $p(x)$, $q(x)$ ともに真，

② $p(x)$ は真で $q(x)$ は偽

③ $p(x)$ は偽で $q(x)$ は真

④ $p(x)$, $q(x)$ ともに偽

「$p(x)$ ならば$q(x)$ 」がみたされないケースは

② $p(x)$ は真で $q(x)$ は偽

であるから，このような場合を排除するものとして，

条件「$p(x)$ ならば $q(x)$ 」の真偽を，

①, ③, ④の場合に「真 (True)」, ②の場合だけ「偽 (False)」

と決めていました．いま，「すべての x について$p(x)$ ならば $q(x)$ が真」

（全称命題）ということは，②の場合が存在しないことである，

と理解できます．これをベン図で表現すれば，次のようになります．

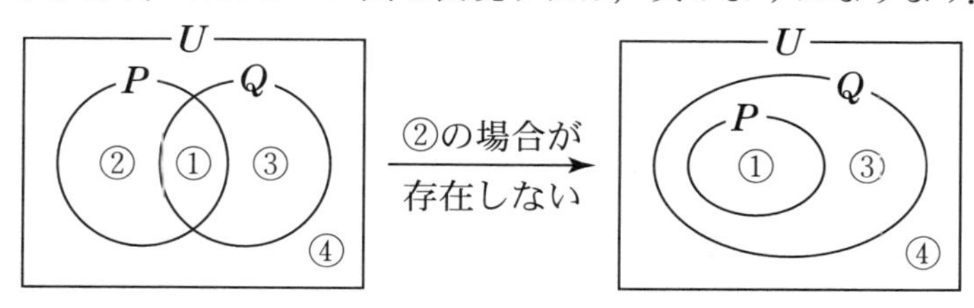

これはまさに，$P \subseteq Q$ （ P が Q の部分集合であること）を表しています ね．

説明の一環として，「東京都在住であるならば，日本国在住である」という例を使ってみましょう．

ここでは，日常語としての「東京在住ならば日本国在住」を，

全称命題「すべての東京在住者は日本国に在住している」

と読み替えることとします．p ：東京在住，：q 日本国在住，とするとき，４つの想定できるケースのうちの２番目（p は真で q は偽）に相当する

「東京在住でありながら日本国在住でない者」

は，存在しません．

したがって，読み替え後の文は「命題として真」となります．この読み替えは日常言語感覚とも一致することが，納得できるでしょうか．

こんどは数学の例で，「x が１以上であれば，x は正の数である」を使ってみましょう．ここで，$p(x)$ ：$x \geq 1$，$q(x)$ ：$x > 0$ とします．

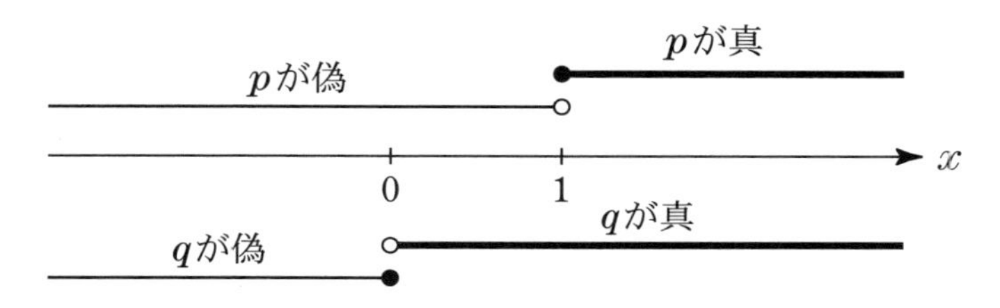

数直線を書くと，$p(x)$ の真理集合 P と，$q(x)$ の真理集合 Q との間に，

$P \subseteq Q$ の関係を見いだすことができます．これが自然な理解でしょう．また，全称命題としての理解は，次の図のように考えればよいのです．

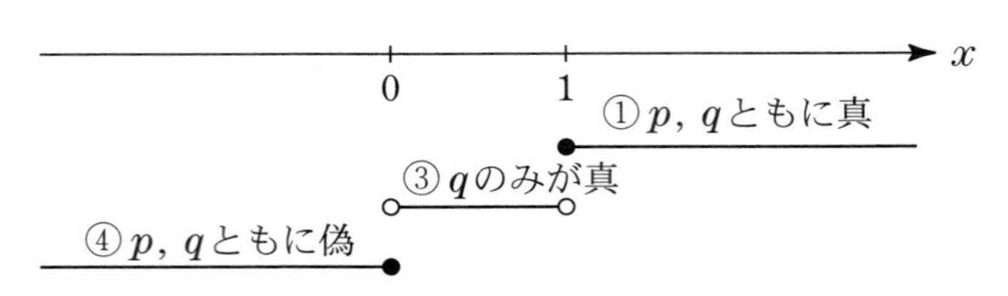

数直線上に②の場合が存在しない

このように理解したとき，

「x が1以上であれば，x は正の数である」

という命題（主張）が「真」であることが，これまで以上に，心からわかる！という状態になっていてくれれば，嬉しく思います．

以上の話についての理解を確認するような問題を取り上げてみましょう．

【確認問題1】

(1)　条件 p の否定を $\overline{p}$ と表す．命題「p ならば q」の反例（命題が偽になる場合）を述べよ．

(2)　命題「p ならば q」と，その対偶「$\overline{q}$ ならば $\overline{p}$」とは，真・偽をともにすると言われている．その理由を説明せよ．

【解答例】

(1)　命題「p ならば q」とは，「p かつ $\overline{q}$」という反例を排除する条件命題である．

(2) 対偶はもとの命題と真・偽をともにすることについて，２通りの説明を行う．

［反例が一致することによる説明］

「p ならば q」の対偶「$\overline{q}$ ならば $\overline{p}$」とは，「$\overline{q}$ かつ p」という反例を排除する条件命題である．もとの命題と対偶とは，それぞれの反例が一致しているので，同一内容を主張していることになる．

［真偽表が一致することによる説明］

「p ならば q」の真偽は次のように定義されている．

p	q	$p \to q$
T	T	T
T	F	F
F	T	T
F	F	T

対偶「$\overline{q}$ ならば $\overline{p}$」の真偽は次のようになる．

p	q	$\overline{p}$	$\overline{q}$	$\overline{q} \to \overline{p}$
T	T	F	F	T
T	F	F	T	F
F	T	T	F	T
F	F	T	T	T

あらゆる場合について，「p ならば q」と対偶「$\overline{q}$ ならば $\overline{p}$」の真偽が一致している．

【確認問題２】

(1) 「p ならば q」の否定を述べよ．

(2) 「p ならば q」の否定は，「p ならば $\overline{q}$」あるいは「$\overline{p}$ ならば $\overline{q}$」などであると誤解している学生に向けて，誤解を正すように説明せよ．

【解答例】

(1) 「p ならば q」の否定は「p かつ $\overline{q}$」である．

(2) 「p ならば q」の否定は「p かつ $\overline{q}$」であることを，真偽表により説明する．「p ならば q」と「p かつ $\overline{q}$」の真偽があらゆる場合に反転していることを確認すればよい．

p	q	$p \to q$
T	T	T
T	F	F
F	T	T
F	F	T

p	q	$\overline{q}$	$p \to \overline{q}$
T	T	F	F
T	F	T	T
F	T	F	T
F	F	T	T

p	q	$\overline{p}$	$\overline{q}$	$\overline{p} \to \overline{q}$
T	T	F	F	T
T	F	F	T	T
F	T	T	F	F
F	F	T	T	T

p	q	$\overline{p}$	$\overline{p} \vee q$
T	T	F	T
T	F	F	F
F	T	T	T
F	F	T	T

p	q	$\overline{q}$	$p \wedge \overline{q}$
T	T	F	F
T	F	T	T
F	T	F	F
F	F	T	F

【確認問題３】

実数 a，b に関する命題「$a+b<0$ ならば，$a<0$ または $b<0$」を命題 P とする．

(1) 命題 P の真偽を答えよ．
また，真なら証明し，偽ならば反例をあげよ．

(2) 命題 P の逆を命題 Q とする．命題 Q の真偽を答えよ．
また，真なら証明し，偽ならば反例をあげよ．

（茨城大学）

【解答例】

(1) 命題 P：「$a+b<0$ ならば，$a<0$ または $b<0$」
これは真の命題である．

［証明１］

P の反例となる場合を考えてみる．

（$a+b<0$）でありながら（$a<0$ または $b<0$）ではない，
という場合が起こるとしよう．すなわち，

（$a+b<0$）でありながら（$a\geq 0$ かつ $b\geq 0$）

ということになる（ド・モルガンの法則を用いた）．

（$a\geq 0$ かつ $b\geq 0$）のときには，$a+b\geq 0$ となるので，
（$a+b<0$）と両立することはあり得ない．

つまり，P の反例となる場合がない．よって，命題 P は真である．

［証明２］

P の対偶

「$a\geq 0$ かつ $b\geq 0$ ならば，$a+b\geq 0$」

は真だから，命題 P も真である．

(2) P の逆：「$a<0$ または $b<0$ ならば，$a+b<0$」
これは偽の命題である．

［反例］（$a<0$ または $b<0$）でありながら（$a+b<0$）ではない場合として，$a=-1$，$b=2$ がある．

【確認問題4】
正の実数 a に関する次の各命題の真偽を述べよ．また，真ならば証明し，偽ならば反例をあげよ．
(1)　a が自然数ならば $\sqrt{a}$ は無理数である．
(2)　a が無理数ならば $\sqrt{a}$ も無理数である．

（鹿児島大学）

【解答例】
(1)　結論：偽である．
反例：$a=4$ のとき，$\sqrt{a}=2$ は有理数である．

(2)　結論：真である．
証明：対偶を示す．
$\sqrt{a}$ が有理数であるとき $\sqrt{a}=\frac{q}{p}$ $(p,q\in Z)$ とおけば，
$a=\frac{q^2}{p^2}$ は有理数となる．

5—2 対偶

対偶のしくみを理解する

私が授業で「命題と論理」を取り上げるとき，多くの場合，誰かが「血祭り」に遭ってしまいます．苛めちゃうつもりなど毛頭なくて，問答には愛がこもっているとは思うのですが，授業中につかまってしまうことで苦手意識が出てくるのは本意ではありません．

中学までの数学は，代数なら計算ができて，幾何なら直観力が働けば，何とかなります．正直言って義務教育内容ですから，簡単なことしかやっていないのです．数学なんか簡単だと思って，油断して高校数学に入ると「あれっ」という話になって，気付いたらわからなくなってしまうという人が，たくさんいます．そういう人の特徴はいろいろあるのですが，今日は論理の観点に絞って話をすると「言葉について鈍感である」ということが言えます．数学が苦手だからと理系をあきらめて文系に進む人がちらほらいますが，言葉について鈍感なままだと，文系の学問であっても（文系の学問こそ）大成することができません．

ここでは，数学の学習において「言葉を正確に使う」ということに焦点を当てましょう．授業中に生徒さんを指名する対話のなかで，次のようなシーンが多く見受けられます．以下に再現；

哲人「ではＡ君，『p ならば q』の否定はなんですか？」

Ａ君「q ならば p です」

哲人「違います．それは『否定』ではなくて『逆』です」
Ａ君「じゃあ，『p でない，ならば q でない』です」

哲人「違います．それは『否定』ではなくて『裏』です」
Ａ君「あっ，わかった．『q でない，ならば p でない』です」

哲人「違います．それは『否定』ではなくて『対偶』です．
　　　ではもう一度訊くけど『p ならば q の否定』はなんですか？」

A君「……」
哲人「じゃあ，ヒントを出そう．『p ならば q の否定』とは，『p ならば q が成り立たない場合』なので『p ならば q の反例』と言っても同じです」
A君「あっ，『p だけど q じゃない』」
哲人「うん，間違ってはいないけど，正確な数学用語を使ってください」
A君「えっと，『p であり q じゃない』」
哲人「あんまり変わらないなあ．”and” ですか，”or” ですか？」
A君「あぁ，『p かつ q じゃない』」
哲人「近づいてきたけど，間が悪いなあ．『p かつ q ，じゃない』のか『p ，かつ q じゃない』のか，どっちですか？」
A君「あっ，『p ，かつ q じゃない』です．」
哲人「よし，やっと倒したね」
A君「すみません……」
哲人「謝ることじゃないよ．それより，じぶんが，どれだけいい加減な言葉遣いをしているか，わかった？」
A君「はい……」

とこんな調子である．実は，授業中の問答というのは，周囲で聞いている生徒達への教育効果も考慮しているので，「p ならば q の否定はなんですか？」に対して一発で正解しそうな生徒さんは当てない．こういう対話になりそうな生徒に目星をつけて当てると，だいたいこの通りになる．ごめんね！

改めて，問いましょう．

> 数学用語として，「否定」「逆」「矛盾」とはそれぞれどういう意味か．違いがわかるように説明せよ．

これは，数学についての問いであると同時に，日本語の語彙についての問いでもあります．中学までの数学は，計算力と直観力があればやっていけるけど，高校数学以降は，ことばの力がないと，どうにもならなくなります．

３つのことば「否定」「逆」「矛盾」の区別なんて，問題集には載っていないし，試験で問われることもありません．大学入試の過去問集をいくら漁っても，１問たりともありません．しかし，記述式の数学答案を採点する場合には，こういうところが読まれているのです．よく，大学入試で，本人が「出来た！出来た！」と喜んでいるのだけれども，フタを開けたら不合格なんていうことが，珍しくありません．というより，タイトルマッチを終えて「出来た」と喜んでいる人ほど，アブナイ！ということを，多くの指導者は知っています．これは，

主観と客観のズレ

という問題です．主観とは，自己評価のこと．客観とは他者からの評価のこと．本人が「問いの深さ」に気づかず，表面だけを浅くよみとって出来たつもりになっている．恐ろしいことです．こういうことを無くしていくには，

ことばに敏感になる

ことが，対処の第一歩です．

ではそろそろ，３つの語彙の違いを説明しましょう．

否定〔negation〕
命題「 p である」に対して命題「 p でない」をもとの命題の否定という．

逆〔converse〕
命題「 p ならば q である」に対して，その前件と後件を入れ換えた命題をいう．なお，もとの命題は真であっても，逆は必ずしも真でない．

矛盾〔contradiction〕
２つの命題（主張）が両立し得ない関係にあること．
２つの命題が相互に，一方が真であれば他方は偽であり，一方が偽であれば他方は真であるという関係にあること．

矛盾については，次の漢文が有名ですね．

楚人有鬻盾與矛者 譽之曰 吾盾之堅 莫能陷也 又譽其矛曰 吾矛之利 於物無不陷也 或曰 以子之矛 陷子之盾 何如 其人弗能應也

『韓非子』難編

楚人に盾と矛とを鬻（ひさ）ぐ者有り．之（これ）を誉（ほ）めて曰（いは）く「吾が盾の堅きこと，能（よ）く陥（とほ）すものなきなり」と．また，その矛を誉めて曰く「わが矛の利（と）きこと，物において陥さざるなきなり」と．あるひと曰く「子の矛を以て，子の盾を陥さばいかん」と．その人応ふること能（あた）はざるなり．

さて，「p ならば q 」という形式の含意（imply）の意味についてはすでに十分に取り上げています．ここではその続きとして，先ほどの問答にも出てきた「逆」「裏」「対偶」について確認をしていきましょう．

命題 $p \to q$　［ p ならば q ］に対して
$q \to p$　［ q ならば p ］を逆（converse），
$\overline{p} \to \overline{q}$　［ p でないならば q でない ］を裏（inverse），
$\overline{q} \to \overline{p}$　［ q でないならば p でない ］を対偶（contraposition）

といいます．これはことばの定義（約束，決めたこと）ですから，正確に覚えなければなりません．印象的に図解すると，次のようになります．

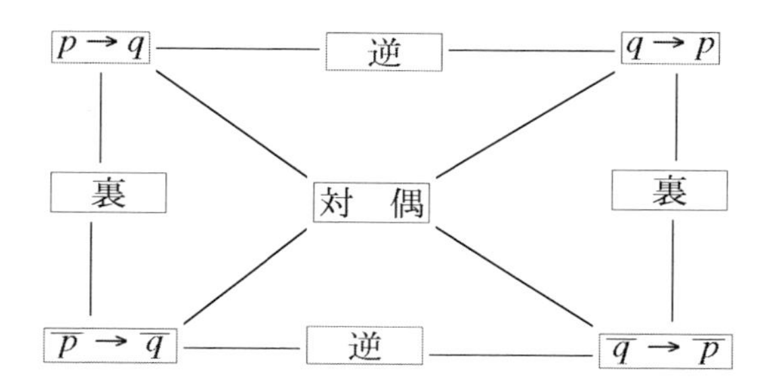

ここで重要なことは，次の２点です．

> １°対偶命題は，もとの命題と，真偽をともにする．
> ２°逆は必ずしも真ならず．

すなわち，１°は，

　　対偶命題が真であれば必ずもとの命題も真であり，
　　対偶命題が偽であれば必ずもとの命題も偽であること

を意味していて，２°は，

　　もとの命題とその逆，裏との真偽は必ずしも一致しない．

ことを意味しています．いずれも検定教科書にも書いてある基本的な事実ですが，単にそれを知っているだけではなく，きちんと理解しておくことが必要です．この事実について，教科書ではベン図を用いて説明しています．ここでは，明確にするため，真偽表を用いて説明しておくことにします．

「p ならば q」の真偽は次のように定義されていました．

p	q	$p \to q$
T	T	T
T	F	F
F	T	T
F	F	T

これに対して，対偶「$\overline{q}$ ならば $\overline{p}$ 」の真偽は次のようになります.

p	q	$\overline{p}$	$\overline{q}$	$\overline{q} \to \overline{p}$
T	T	F	F	T
T	F	F	T	F
F	T	T	F	T
F	F	T	T	T

真偽表を見比べてみると，４つのケースのあらゆる場合の真偽が一致しているので，「対偶命題は，もとの命題と，真偽をともにする」ことを確かめることができました.
また，逆「q ならば p 」の真偽表をつくると，次のようになります.

p	q	$q \to p$
T	T	T
T	F	T
F	T	F
F	F	T

表の４行のうちの３行目（p が真(T)，q が偽(F)の場合）を見比べてみると，「p ならば q 」は真であるのに対して，逆である「 q ならば p 」は偽となっていることがわかります. だから，「逆は必ずしも真ならず」ということが確かめられました.

このことを知ったとき，知っているだけで満足しない. ある命題に対して，逆が真になる事例と，逆は成り立たない事例があるわけですから，具体的に把握しておく必要があります. まず，逆が成り立たない簡単な例として，

整数 n が 4 の倍数であるならば，n は 2 の倍数である

を挙げておきましょう. この命題が成り立つことと，逆が成り立たないことを確認してください. 逆の不成立については「反例」の存在をいえばよい.

逆；整数 n が 2 の倍数であるならば，n は 4 の倍数である

の反例とは，（n が 2 の倍数である）かつ（n は 4 の倍数でない）という場合を見つけられればよくて，$n=6$ とか，もっと一般的に「n を 4 で割って 2 あまる場合」とかを指摘できればよいでしょう．

また，逆も成り立つ命題の例としては，幾何（図形）の分野でいろいろ例示できます．検定教科書に載っているものでいうと，

三平方の定理の逆
円周角の定理の逆
接弦定理の逆
方べきの定理の逆
チェバの定理の逆
メネラウスの定理の逆

といったものが成立しています．答案作成の場面では，たとえばある事実 P が成り立つことの根拠を記すときに「方べきの定理により P である」という記載と「方べきの定理の逆により P である」という記載を，正確に書き分けるということです．このあたりをイイ加減にしていると，答案を読む相手（採点者）には「あぁ，野蛮人だ」と思われます．

さて，冒頭に教室での問答の例をあげましたが，別の展開もあるので紹介しておきます．

哲人「ではB君，『p ならば q』の否定はなんですか？」
B君「p ならば q でないです」
哲人「正確に言ってほしいな．『p ならば，q でない』のですか？それとも『p ならば q，でない』のですか？」
B君「はい，『p ならば，q でない』です」
哲人「う～ん，残念．違うなあ」
B君「じゃあ，『p ならば q，でない』ですか？」

哲人「いやあ，僕は『p ならば q』の否定は何か，と尋ねている．これに対して『p ならば q，でない』って，答えになっていないよね」
B君「あぁ，そうですね」
哲人「じゃあ，隣のキミ，助けてあげられる？」
C君「えっと，『q ならば p』ですか？」
哲人「それはね，『p ならば q』の逆だよ．逆であって，否定じゃない．逆と否定って，違うのわかる？」
C君「えっ，違うんだ？」
哲人「だって，違う発音してるでしょ」

これもよくある教室風景です．『p ならば q』の否定は，『p かつ $\overline{q}$』でした．真偽表で確かめておきましょう．

p	q	$\overline{q}$	$p \wedge \overline{q}$	$\overline{(p \wedge \overline{q})}$
T	T	F	F	T
T	F	T	T	F
F	T	F	F	T
F	F	T	F	T

上は，『p かつ $\overline{q}$』の真偽表で，下は『p ならば q』の真偽表です．

p	q	$p \to q$
T	T	T
T	F	F
F	T	T
F	F	T

真（T）と偽（F）が，あらゆる場合にきれいに逆転しています．これが「否定」ということです．

　では，これまでの話の理解を確かめる証明問題を掲げておきます．

【確認問題５】

正の整数 m, n が $\dfrac{1}{m}+\dfrac{1}{n}<\dfrac{1}{50}$ をみたすとき，

m, n の少なくとも一方は100より大きいことを証明せよ．

（広島市立大学）

【解答例】

m, n がともに100以下であるとすると，

$$m \leq 100 \rightarrow \frac{1}{m} \geq \frac{1}{100},\quad n \leq 100 \rightarrow \frac{1}{n} \geq \frac{1}{100}$$

したがって，$\dfrac{1}{m}+\dfrac{1}{n} \geq \dfrac{1}{100}+\dfrac{1}{100}=\dfrac{1}{50}$ となる．

これで，証明すべき命題の対偶が得られた．

5—3 推論規則

推論のしくみを理解する

推論をするための，ルールがあります．それは，数学や論理学だけでなく，ことばの運用のあらゆる場面に適用できます．裁判を含む法的判断にも，推論のルールが使われています．

代表的な例として，仮言三段論法を紹介します．

前提１；$p \to q$

前提２；$q \to r$

結論　；$p \to r$

このルールは，ことばで述べると

$((p$ ならば $q)$かつ$(q$ ならば $r))$ならば$(p$ ならば $r)$

がいかなる場合にも真である，ということです．言語感覚として，あるいは直感的に，納得いくでしょうか．仮言三段論法を含む，こうした推論規則が正しいことを，証明することができます．これまでに学んできた真偽表を活用できるのです．

【確認問題６】

次の (1) ～ (5) の推論規則を，真偽表により証明せよ．

(1) 前件肯定規則　$((p \to q) \land p) \to q$

(2) 後件否定規則　$((p \to q) \land \overline{q}) \to \overline{p}$

(3) 選言除去規則　$((p \lor q) \land (p \to r) \land (q \to r)) \to r$

(4) 選言三段論法　$((p \lor q) \land \overline{p}) \to q$

(5) 仮言三段論法　$((p \to q) \land (q \to r)) \to (p \to r)$

【指針】

真偽表をどのように設計すればよいのか．判断しにくい方のために，真偽表の枠を掲載しておきます．出てくる条件が p,q の２つであれば $2^2=4$ 行ですべての場合を表現できます．また，条件が p,q,r の３つであれば $2^3=8$ 行ですべての場合を表現できます，

(1) 前件肯定規則　$((p\to q)\wedge p)\to q$

p	q	$p\to q$	$(p\to q)\wedge p$	$((p\to q)\wedge p)\to q$
T	T			
T	F			
F	T			
F	F			

(2) 後件否定規則　$((p\to q)\wedge\overline{q})\to\overline{p}$

p	q	$p\to q$	$\overline{q}$	$(p\to q)\wedge\overline{q}$	$\overline{p}$	$((p\to q)\wedge\overline{q})\to\overline{p}$
T	T					
T	F					
F	T					
F	F					

(3) 選言除去規則　$((p\vee q)\wedge(p\to r)\wedge(q\to r))\to r$

p	q	r	$p\vee q$	$p\to r$	$q\to r$	$(p\vee q)\wedge(p\to r)\wedge(q\to r)$	$((p\vee q)\wedge(p\to r)\wedge(q\to r))\to r$
T	T	T					
T	T	F					
T	F	T					
T	F	F					
F	T	T					
F	T	F					
F	F	T					
F	F	F					

(4) 選言三段論法　$((p \vee q) \wedge \overline{p}) \to q$

p	q	$p \vee q$	$\overline{p}$	$(p \vee q) \wedge \overline{p}$	$((p \vee q) \wedge \overline{p}) \to q$
T	T				
T	F				
F	T				
F	F				

(5) 仮言三段論法　$((p \to q) \wedge (q \to r)) \to (p \to r)$

p	q	r	$p \to q$	$q \to r$	$(p \to q) \wedge (q \to r)$	$p \to r$	$((p \to q) \wedge (q \to r)) \to (p \to r)$
T	T	T					
T	T	F					
T	F	T					
T	F	F					
F	T	T					
F	T	F					
F	F	T					
F	F	F					

これらの真偽表を埋めていくことで，表のいちばん右側の列に「 T 」が縦に並べば，証明に成功したことになります．

【解答例】

(1) 前件肯定規則　$((p \to q) \wedge p) \to q$

p	q	$p \to q$	$(p \to q) \wedge p$	$((p \to q) \wedge p) \to q$
T	T	T	T	T
T	F	F	F	T
F	T	T	F	T
F	F	T	F	T

右側の列に「 T 」が縦に並んだので，この推論規則はつねに正しい．

(2) 後件否定規則　$\left((p \to q) \wedge \overline{q}\right) \to \overline{p}$

p	q	$p \to q$	$\overline{q}$	$(p \to q) \wedge \overline{q}$	$\overline{p}$	$\left((p \to q) \wedge \overline{q}\right) \to \overline{p}$
T	T	T	F	F	F	T
T	F	F	T	F	F	T
F	T	T	F	F	T	T
F	F	T	T	T	T	T

右側の列に「 T 」が縦に並んだので，この推論規則はつねに正しい.

(3) 選言除去規則　$\left((p \vee q) \wedge (p \to r) \wedge (q \to r)\right) \to r$

p	q	r	$p \vee q$	$p \to r$	$q \to r$	$(p \vee q) \wedge (p \to r) \wedge (q \to r)$	$\left((p \vee q) \wedge (p \to r) \wedge (q \to r)\right) \to r$
T	T	T	T	T	T	T	T
T	T	F	T	F	F	F	T
T	F	T	T	T	T	T	T
T	F	F	T	F	T	F	T
F	T	T	T	T	T	T	T
F	T	F	T	T	F	F	T
F	F	T	F	T	T	F	T
F	F	F	F	T	T	F	T

右側の列に「 T 」が縦に並んだので，この推論規則はつねに正しい.

(4) 選言三段論法　$\left((p \vee q) \wedge \overline{p}\right) \to q$

p	q	$p \vee q$	$\overline{p}$	$(p \vee q) \wedge \overline{p}$	$\left((p \vee q) \wedge \overline{p}\right) \to q$
T	T	T	F	F	T
T	F	T	F	F	T
F	T	T	T	T	T
F	F	F	T	F	T

右側の列に「 T 」が縦に並んだので，この推論規則はつねに正しい.

(5) 仮言三段論法　$((p \to q) \wedge (q \to r)) \to (p \to r)$

p	q	r	$p \to q$	$q \to r$	$(p \to q) \wedge (q \to r)$	$p \to r$	$((p \to q) \wedge (q \to r)) \to (p \to r)$
T	T	T	T	T	T	T	T
T	T	F	T	F	F	F	T
T	F	T	F	T	F	T	T
T	F	F	F	T	F	F	T
F	T	T	T	T	T	T	T
F	T	F	T	F	F	T	T
F	F	T	T	T	T	T	T
F	F	F	T	T	T	T	T

右側の列に「T」が縦に並んだので，この推論規則はつねに正しい．

第6章

整数問題に挑戦

6―1　整数問題に挑戦（1）
合同式から不定方程式へ

ここからは，本書で学んだ含意命題の論理を使うと，こんな数学の問題が解けるようになる，という問題を2問ご紹介します．含意命題は，数学の推論のあらゆる場面に出てくるものです（だからこそ，1冊の書籍にするエネルギーをかけているのです）．したがって，含意命題を使って解決するような数学の問題というのは無尽蔵にあるものなのですが，ここでは特に，私立大学文系の大学入試で，初見の問題であっても読解力があれば解決できるものを使います．最初に，

「$x^3+y^3+5=z^3$ をみたす自然数の組 x, y, z は存在しない」

と主張する問題を取り上げます（自然数とは正の整数のことをいう）．これを，自然数の割り算で出てくる「あまり」を上手に利用して，解決します．小学校の算数で学んだ「あまり」によって，こんなことも解決できるのか，という感動を得ていただけると幸いです．

さあ，挑戦してみましょう．

【挑戦問題1】

x, y, z を自然数とする.

$$x^3 + y^3 + 5 = z^3 \quad \cdots\cdots ①$$

を満足する3つの組 x, y, z は存在しないことを，次のように証明する.
まず，「ある自然数 a を，自然数 b で割ったときの余り」を，$\mathrm{mod}(a,b)$ と書くこととしよう．たとえば，$\mathrm{mod}(5,2)=1$，$\mathrm{mod}(22,9)=4$ などとなる.

a を任意の自然数（または0）とすると，a は，かならず次の9通りのうちのいずれかで表現できる.

$a=9k$　　$a=9k+1$　　$a=9k+2$

$a=9k+3$　　$a=9k+4$　　$a=9k+5$

$a=9k+6$　　$a=9k+7$　　$a=9k+8$

(ただし，k は0またはある自然数)

よって，これらを3乗すると：

$(9k)^3 = (9k\text{の倍数})$,

$(9k+1)^3 = (9k)^3 + 3(9k)^2 + 3(9k) + 1 = (9k\text{の倍数}) + 1$

$(9k+2)^3 = (9k\text{の倍数}) +$ [ア]

$(9k+3)^3 = (9k\text{の倍数}) + 27$

$(9k+4)^3 = (9k\text{の倍数}) + 64$

$(9k+5)^3 = (9k\text{の倍数}) + 125$

$(9k+6)^3 = (9k\text{の倍数}) +$ [イウエ]

$(9k+7)^3 = (9k\text{の倍数}) +$ [オカキ]

$(9k+8)^3 = (9k\text{の倍数}) +$ [クケコ]

したがって，任意の自然数 z について,

$$\mathrm{mod}\left(z^3, 9\right) = \boxed{\text{サ}} \text{ または } \boxed{\text{シ}} \text{ または } \boxed{\text{ス}} \quad \cdots\cdots②$$

$$\left(\boxed{\text{サ}} < \boxed{\text{シ}} < \boxed{\text{ス}}\right)$$

の 3 通りしかないことがわかる．

①式にもどって，x^3, y^3 についても事情は同じなのだから，$x^3 + y^3$ について，$\mathrm{mod}\left(x^3 + y^3, 9\right) = \boxed{\text{セ}}$ または $\boxed{\text{ソ}}$ または $\boxed{\text{タ}}$ または $\boxed{\text{チ}}$ または $\boxed{\text{ツ}}$ ……③ $\left(\boxed{\text{セ}} < \boxed{\text{ソ}} < \boxed{\text{タ}} < \boxed{\text{チ}} < \boxed{\text{ツ}}\right)$ の，5 通りしかないことになる．つまり，①の左辺について，

$\mathrm{mod}\left(x^3 + y^3 + 5, 9\right) = \boxed{\text{テ}}$ または $\boxed{\text{ト}}$ または $\boxed{\text{ナ}}$ または $\boxed{\text{ニ}}$ または $\boxed{\text{ヌ}}$ ……④ $\left(\boxed{\text{テ}} < \boxed{\text{ト}} < \boxed{\text{ナ}} < \boxed{\text{ニ}} < \boxed{\text{ヌ}}\right)$．

ところが，②によれば，自然数の 3 乗を 9 で割った余りはかならず $\boxed{\text{サ}}$，$\boxed{\text{シ}}$，$\boxed{\text{ス}}$ のどれかでなければならない．これと④により，$\boxed{\text{ネノ}}$（選択肢から選択）であり，結論を得る．（証明終り）

また，ほぼ同様の証明で，$\boxed{\text{ハヒ}}$（選択肢から選択）なる自然数 x, y, z が存在しないことも言える．

（選択肢）

[01]　①を満たす実数 x, y, z は存在する．　[02]　②は決して成立しない．

[03]　④は矛盾．　[04]　③と④は両立しない．

[05]　②を満たす自然数 z は存在しない．　[06]　$\mathrm{mod}\left(a^3, 3\right) = 0$

[07]　①を満たす自然数 x, y, z は存在しない．

[08]　④を満足しない自然数 x, y は存在する．

[09]　$x^3 + y^3 + 6 = z^3$　　[10]　$x^3 + y^3 + 1 = z^3$　　[11]　$x^3 + y^3 + 3 = z^3$

[12]　$x^3 + y^3 + 4 = z^3$

（2014　武蔵大学）

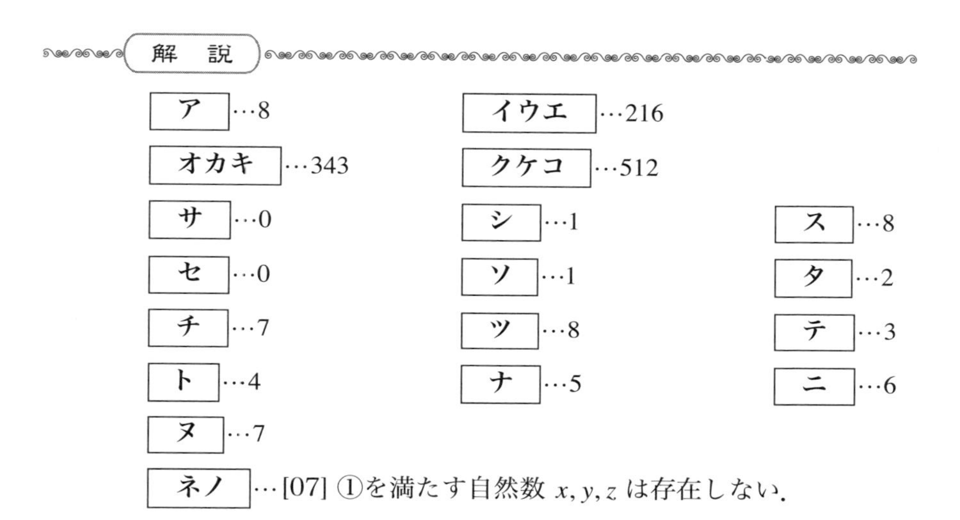

解　説
ア …8
イウエ …216
オカキ …343
クケコ …512
サ …0
シ …1
ス …8
セ …0
ソ …1
タ …2
チ …7
ツ …8
テ …3
ト …4
ナ …5
ニ …6
ヌ …7
ネノ …[07] ①を満たす自然数 x, y, z は存在しない.

また，$\mathrm{mod}\left(x^3+y^3, 9\right)$ として考えられるのは $0, 1, 2, 7, 8$ である.

よって，

$$\mathrm{mod}\left(x^3+y^3+1, 9\right) \text{ として考えられるのは } 0, 1, 2, 3, 8$$

$$\mathrm{mod}\left(x^3+y^3+3, 9\right) \text{ として考えられるのは } 1, 2, 3, 4, 5$$

$$\mathrm{mod}\left(x^3+y^3+4, 9\right) \text{ として考えられるのは } 2, 3, 4, 5, 6$$

$$\mathrm{mod}\left(x^3+y^3+6, 9\right) \text{ として考えられるのは } 4, 5, 6, 7, 8$$

である．これと，自然数の 3 乗を 9 で割った余りはかならず $0, 1, 8$ のいずれかになることから，$x^3+y^3+4=z^3$ を満たす自然数 x, y, z は存在しないことがいえる．以上より，

ハヒ …[12]　$x^3+y^3+4=z^3$

以下では，読みやすさの便宜のため，問題中の証明の空欄に正解を埋め込んだ文章を掲載します.

x, y, z を自然数とする．

$$x^3 + y^3 + 5 = z^3 \quad \cdots\cdots ①$$

を満足する3つの組 x, y, z は存在しないことを，次のように証明する．
まず，「ある自然数 a を，自然数 b で割ったときの余り」を，$\mathrm{mod}(a, b)$ と書くこととしよう．たとえば，$\mathrm{mod}(5, 2) = 1$，$\mathrm{mod}(22, 9) = 4$ などとなる．

a を任意の自然数（または0）とすると，a は，かならず次の9通りのうちのいずれかで表現できる．

$a = 9k$	$a = 9k + 1$	$a = 9k + 2$
$a = 9k + 3$	$a = 9k + 4$	$a = 9k + 5$
$a = 9k + 6$	$a = 9k + 7$	$a = 9k + 8$

（ただし，k は0またはある自然数）

よって，これらを3乗すると：

$$(9k)^3 = (9k\text{の倍数}),$$

$$(9k+1)^3 = (9k)^3 + 3(9k)^2 + 3(9k) + 1 = (9k\text{の倍数}) + 1$$

$$(9k+2)^3 = (9k\text{の倍数}) + \boxed{8}$$

$$(9k+3)^3 = (9k\text{の倍数}) + 27$$

$$(9k+4)^3 = (9k\text{の倍数}) + 64$$

$$(9k+5)^3 = (9k\text{の倍数}) + 125$$

$$(9k+6)^3 = (9k\text{の倍数}) + \boxed{216}$$

$$(9k+7)^3 = (9k\text{の倍数}) + \boxed{343}$$

$$(9k+8)^3 = (9k\text{の倍数}) + \boxed{512}$$

したがって，任意の自然数 z について，

$$\mathrm{mod}(z^3, 9) = \boxed{0} \text{ または } \boxed{1} \text{ または } \boxed{8} \quad \cdots\cdots ②$$

の3通りしかないことがわかる．

①式にもどって，x^3, y^3 についても事情は同じなのだから，x^3+y^3 について，

$\mathrm{mod}\left(x^3+y^3, 9\right)=\boxed{0}$ または $\boxed{1}$ または $\boxed{2}$

　　または $\boxed{7}$ または $\boxed{8}$ ……③

の，5 通りしかないことになる．つまり，①の左辺について，

$\mathrm{mod}\left(x^3+y^3+5, 9\right)=\boxed{3}$ または $\boxed{4}$ または $\boxed{5}$

　　または $\boxed{6}$ または $\boxed{7}$ ……④

ところが，②によれば，自然数の 3 乗を 9 で割った余りはかならず

$\boxed{0}$，$\boxed{1}$，$\boxed{8}$ のどれかでなければならない．これと④により，

①を満たす自然数 x, y, z は存在しない であり，結論を得る．（証明終り）

また，ほぼ同様の証明で，$\boxed{x^3+y^3+4=z^3}$ なる自然数 x, y, z が存在しないことも言える．

6—2 整数問題に挑戦（2）
abc予想からフェルマー大定理へ

次の問題も，私立大学文系の出題です．この問題は，大学入試センター試験の直前に，受験生向けの練習問題として，授業で使っています．時間を与えて解いてもらっていると，数学好きな生徒たちが驚いて顔を上げ，私の顔をじっと見るのです．私は，ニヤッと返します．

【挑戦問題２】

2 以上のすべての自然数は，必ず素数，または素数のかけ算として表現できる．たとえば，$12=2^2\cdot 3$，$84=2^2\cdot 3\cdot 7$ などとなる．これを素因数分解という（たとえば上記 12 の場合，素因数は 2 と 3）．いま，ある自然数 a について，これを素因数分解した表現から，「すべての素因数を一回だけ掛けあわせた数」を対応させる対応関係を考え，これを $\mathrm{rad}(a)$ と書くことにする．

例：

$$\mathrm{rad}(36)=\mathrm{rad}\left(2^2\cdot 3^2\right)=2\cdot 3=6,$$

$$\mathrm{rad}(84)=\mathrm{rad}\left(2^2\cdot 3\cdot 7\right)=2\cdot 3\cdot 7=42,$$

$$\mathrm{rad}(32)=\mathrm{rad}\left(2^5\right)=2$$

など．このとき，$\mathrm{rad}(97344)=$ [アイ] となる．

いま，

「$a+b=c$ が成立するような，互いに素である自然数の組：a,b,c

について，$c<\left(\mathrm{rad}(a\cdot b\cdot c)\right)^2$ が，必ず成立する」　……(1)

ということが，真である，としよう．このとき，

「どんな自然数 n $(n \geq 3)$ についても，

$x^n + y^n = z^n$ ……(＊)

となる互いに素である自然数 x, y, z は，存在しない」　……(2)

ことを証明するには，次のようにする．まず，ある n で，上記(＊)式が成立するような自然数 x, y, z が存在するとしよう．いま，(1)は必ず成立しているという仮定だから，

$x^n + y^n = z^n$ について，［ウエ］（選択肢から選択）

が成立しなければならない．関数 $\mathrm{rad}(a)$ の定義から，［オカ］（選択肢から選択）だから，［ウエ］は，

［キク］（選択肢から選択）$< \left(\mathrm{rad}(x \cdot y \cdot z)\right)^2$　……(3)

となり，さらに，$\mathrm{rad}(x \cdot y \cdot z) \leq xyz$ であるから

$\left(\mathrm{rad}(x \cdot y \cdot z)\right)^2 \leq$［ケコ］（選択肢から選択）$<$ $(z \cdot z \cdot z)^2 = z^6$，

これと，(3)により，

［サシ］（選択肢から選択）　……(4)

でなければならない．よって，

$n =$［ス］,［セ］,［ソ］（［ス］$<$［セ］$<$［ソ］）　……(5)

の 3 つの場合について，(2)を検証すればよい．この 3つの場合で(2)が成立することは，各国の数学者により検証がおわっている．よって，証明すべき最初の目標であった「［タチ］（選択肢から選択）」が証明された，

ということになる．

（選択肢）

[01]　(3)を仮定すると(1)が導かれる

[02]　(5)を仮定すると(2)が導かれる

[03]　(1)を仮定すると(2)が導かれる

[04]　(2)を仮定すると(4)が導かれる

[05]　$\mathrm{rad}\left(x^n\cdot y^n\cdot z^n\right)<\mathrm{rad}\left(x\cdot y\cdot z\right)$　[06]　$\mathrm{rad}\left(x^n\cdot y^n\cdot z^n\right)>\mathrm{rad}\left(x\cdot y\cdot z\right)$

[07]　$\mathrm{rad}\left(x^n\cdot y^n\cdot z^n\right)=\mathrm{rad}\left(x\cdot y\cdot z\right)$　[08]　$\mathrm{rad}\left(x^n\cdot y^n\cdot z^n\right)\neq\mathrm{rad}\left(x\cdot y\cdot z\right)$

[09]　$(xyz)^3$　[10]　$(xyz)^2$　[11]　xyz　[12]　$6z$

[13]　$4xy$　[14]　$3xyz$　[15]　z　[16]　z^2

[17]　z^3　[18]　z^n　[19]　$z^3<n$　[20]　$z^4>z^n$

[21]　$6<z^n$　[22]　$z^n<z^6$　[23]　$z^4<z^n$

[24]　$z^n<\left(\mathrm{rad}\left(x^n\cdot y^n\cdot z^n\right)\right)^2$　[25]　$z^n\geq\left(\mathrm{rad}\left(x^n\cdot y^n\cdot z^n\right)\right)^2$

[26]　$z^n=\left(\mathrm{rad}\left(x^n\cdot y^n\cdot z^n\right)\right)^2$

(2014　武蔵大学，一部の表現を修正)

本問を解いている生徒たちが顔を上げ，私がニヤッと返す理由が分かりましたか．本問で証明している命題 (2) は，フェルマーの大定理（フェルマーの最終定理）として，1994年に解決するまで，およそ360年を要したというすごい定理なのです．

フェルマーの大定理を，大学入試問題ごときで「倒す」ことができる……そんなはずはありません．ここでは，命題 (1) の成立を仮定すれば，命題 (2) が含意できるということを示しています．実は，(1)はまだ証明されていないので「命題」というわけにはいきません．まだ証明されていない主張のことを「仮説（予想）」といいます．よって本問では「仮説（予想）(1) が成り立つならば，フェルマーの大定理 (2) を導くことができる」という主張を示しています．

解　説

97344 の素因数分解は $97344 = 2^6 \cdot 3^2 \cdot 13^2$ なので,

$$\mathrm{rad}(97344) = \mathrm{rad}\left(2^6 \cdot 3^2 \cdot 13^2\right) = 2 \cdot 3 \cdot 13 = 78 \cdots \boxed{\text{アイ}}$$

題意より, x, y, z が互いに素であるので, $x^n . y^n, z^n$ も互いに素である.

(1)の式に $a = x^n, b = y^n, c = z^n$ を代入すると,

$$z^n < \left(\mathrm{rad}\left(x^n \cdot y^n \cdot z^n\right)\right)^2 \cdots \boxed{\text{ウエ}}$$

関数 $\mathrm{rad}(a)$ の定義から, $\mathrm{rad}\left(x^n \cdot y^n \cdot z^n\right) = \mathrm{rad}(x \cdot y \cdot z) \cdots \boxed{\text{オカ}}$ なので,

$$z^n \cdots \boxed{\text{キク}} < \left(\mathrm{rad}(x \cdot y \cdot z)\right)^2$$

となる. さらに, $\mathrm{rad}(x \cdot y \cdot z) \le xyz$ であるから,

$$\left(\mathrm{rad}(x \cdot y \cdot z)\right)^2 \le (xyz)^2 \cdots \boxed{\text{ケコ}} < (z \cdot z \cdot z)^2 = z^6$$

これと, $z^n < \left(\mathrm{rad}(x \cdot y \cdot z)\right)^2$ により,

$$z^n < z^6 \cdots \boxed{\text{サシ}}$$

でなければならない. よって,

$$n = 3 \cdots \boxed{\text{ス}}, 4 \cdots \boxed{\text{セ}}, 5 \cdots \boxed{\text{ソ}}$$

の 3つの場合について調べればよい. この 3つの場合で(2)が成立するので, 「(1)を仮定すると(2)が導かれる」$\cdots \boxed{\text{タチ}}$ が証明された.

以下では, 読みやすさの便宜のため, 問題中の証明の空欄に正解を埋め込んだ文章を掲載します.

2以上のすべての自然数は，必ず素数，または素数のかけ算として表現できる．たとえば，$12 = 2^2 \cdot 3$，$84 = 2^2 \cdot 3 \cdot 7$ などとなる．これを素因数分解という（たとえば上記12の場合，素因数は2と3）．いま，ある自然数 a について，これを素因数分解した表現から，「すべての素因数を一回だけ掛けあわせた数」を対応させる対応関係を考え，これを $\mathrm{rad}(a)$ と書くことにする．

例：
$$\mathrm{rad}(36) = \mathrm{rad}\left(2^2 \cdot 3^2\right) = 2 \cdot 3 = 6,$$
$$\mathrm{rad}(84) = \mathrm{rad}\left(2^2 \cdot 3 \cdot 7\right) = 2 \cdot 3 \cdot 7 = 42,$$
$$\mathrm{rad}(32) = \mathrm{rad}\left(2^5\right) = 2$$

など．このとき，$\mathrm{rad}(97344) = \boxed{78}$ となる．

いま，

「$a + b = c$ が成立するような，互いに素である自然数の組：a, b, c

について，$c < \left(\mathrm{rad}(a \cdot b \cdot c)\right)^2$ が，必ず成立する」　……(1)

ということが，真である，としよう．このとき，

「どんな自然数 n $(n \geq 3)$ についても，

$$x^n + y^n = z^n \quad \cdots\cdots(*)$$

となる互いに素である自然数 x, y, z は，存在しない」　……(2)

ことを証明するには，次のようにする．まず，ある n で，上記(∗)式が成立するような自然数 x, y, z が存在するとしよう．いま，(1)は必ず成立しているという仮定だから，

$$x^n + y^n = z^n \text{ について，} \boxed{z^n < \left(\mathrm{rad}\left(x^n \cdot y^n \cdot z^n\right)\right)^2}$$

が成立しなければならない．関数 $\mathrm{rad}(a)$ の定義から，

$\boxed{\mathrm{rad}(x^n\cdot y^n\cdot z^n)=\mathrm{rad}(x\cdot y\cdot z)}$ だから，$\boxed{z^n<\left(\mathrm{rad}(x^n\cdot y^n\cdot z^n)\right)^2}$ は，

$$\boxed{z^n} < \left(\mathrm{rad}(x\cdot y\cdot z)\right)^2 \quad \cdots\cdots(3)$$

となり，さらに，$\mathrm{rad}(x\cdot y\cdot z)\leq xyz$ であるから

$$\left(\mathrm{rad}(x\cdot y\cdot z)\right)^2 \leq \boxed{(xyz)^2} < (z\cdot z\cdot z)^2 = z^6,$$

これと，(3)により，

$$\boxed{z^n<z^6} \quad \cdots\cdots(4)$$

でなければならない．よって，

$$n=\boxed{3},\boxed{4},\boxed{5} \quad \cdots\cdots(5)$$

の 3 つの場合について，(2)を検証すればよい．この 3つの場合で(2)が成立することは，各国の数学者により検証がおわっている．よって，証明すべき最初の目標であった「$\boxed{\text{(1)を仮定すると(2)が導かれる}}$」が証明された，ということになる．

数理哲人の解説

古典の数学で議論されてきた話題の 1 つに「ピタゴラス数」と呼ばれるものがあります．3 辺の長さがすべて自然数であるような直角三角形の形にはどのようなものがあるか，という問題です．

これを文字式で表せば，$x^2+y^2=z^2$ をみたす自然数の組 (x,y,z) を求める問題となります．これは，$(3,4,5)$ や $(5,12,13)$ をはじめ無数の解があることが分かっている．大学入試でも頻繁に取り上げられています．

では，ピタゴラス数の問題を拡張して

$$a^n + b^n = c^n \quad (n \text{は} n \geq 3 \text{である自然数})$$

を考えるとき，これを満足する自然数(a, b, c)の組は存在するか．フェルマー（P.Fermat 1601-1665）は「存在しない」と予想（conjecture）し，自らの愛読書ディオファントスの本の余白に『問題の真に驚くべき証明を発見したが，それを書くにはこの余白は狭すぎる』とだけ書き残しました．この問いは，設定がシンプルである割に内容は奥深く，世界の数学者の挑戦欲を掻き立て，フェルマーの最終定理（Fermat's last theorem），フェルマーの大定理（フェルマー予想）と呼ばれてきたのです．

世界中の数学者が取り組んだこの問題は，提示されてからおよそ360年後の1993年6月に，英国のワイルズ（A.Wiles 1953-）は，フェルマー問題に先立つ一つの定理を証明することで，これによりフェルマー予想を肯定的に解決できる，と発表しました．レフェリーによる査読と若干の修正を経て，証明は認められ，「予想」は「定理」になりました．

一方，1985年に Joseph Oesterlé と David Masser によって提起された「abc予想」と呼ばれる問題があります．

自然数 n について，n の互いに異なる素因数の積を n の根基（radical）と呼び，$\mathrm{rad}(n)$ と書くこととします．自然数の組(a, b, c)で，$a+b=c$，$a<b$ を満たし，a,b が互いに素であるものを abc-triple と呼びます．多くの場合に $c<\mathrm{rad}(abc)$ が成り立ちますが，例外もあります（$a=1$，$b=8$，$c=9$，$\mathrm{rad}(abc)=6$ あるいは $a=5$，$b=27$，$c=32$，$\mathrm{rad}(abc)=30$ など）．

abc予想は，この例外について，次のように言及しています．

任意の実数 $\varepsilon>0$ に対して，$c>\mathrm{rad}(abc)^{1+\varepsilon}$ を満たす abc-triple は高々有限個しか存在しない．

この予想が提示されてから25年の段階で，「この予想が真である場合，その『系』としてフェルマー最終定理が得られる」ということが数学誌に掲載されました（ 山崎隆雄（東北大学）による『数学セミナー』2010年12

月号）．

その後，2012年8月に，望月新一（京都大学数理解析研究所教授）はabc予想を証明したとする論文を発表しました．ところが，この論文は「異世界からきた」といわれるほど難解で，論文の発表から５年を経た現在においても，それを解読して判定ができるレフェリーが登場していないというのです．

スポーツの世界においてレフェリー（審判）が存在するのと同じような意味で，学術論文の世界にもレフェリーが存在します．著名な科学雑誌であれば，レフェリーの査読を通過した論文が掲載されることになります．数学以外の自然科学の論文の場合，他の研究室で「実験による再現」ができたとき，論文の主張の正しさが認められることとなります．数学の論文の場合であれば，同業の専門家による検証を経て，主張の正しさが認められます．

ところが，望月新一教授の論文は，あまりにも新規で難解な理論であるために，通常の論文で行われるような意味での検証が進んでいないというのです．

望月教授は，20年近くの歳月をかけた単独の研究により，「宇宙際タイヒミューラー理論（IUTeich）」という，数学界でも全くもって新規な理論を樹立したというのです．2012年に発表した４本の論文は，500ページを超えているとのことですが，全く新しい形式で，新しい用語の定義と新しい概念に満ちているため，それを解読できる専門家が，数学界の中にすら，誰もいない，というのです．

2014年12月には，望月教授自身による「宇宙際タイヒミューラー理論の検証：進捗状況の報告（2014年12月）」というペーパーが公表されています．この中で，新しい理論が専門家による「検証中」であることについて次のように述べられています．

（引用はじめ）このような状況を踏まえて現時点でのこちらの認識を総括すると，

> TUTeichの検証は，実質的な数学的な側面において事実上完了しているが，理論の重要性や手法の新奇性に配慮して，念のた

め「理論はまだ検証中である」という看板を降ろす前にもう少し時間を置いてもよい

と考えております．（中略）

次のステップは何か？

という疑問が当然浮上します．例えば，どなたか著名な研究者が理論の正否について決定的な発表を行なう，というような展開を一部の数学者は期待しているようですが，このような展開がいつまで経っても実現しない可能性が非常に高いと考えております．その理由は次の通りです：一定以上の研究業績のある研究者の場合，論文を読むとき，

学生や初心者のように「**一から学習する**」ような姿勢で時間を掛けて基礎から順番に勉強していくといったような読み方を**極力避け**，寧ろこれまで蓄えてきた専門知識や深い理解を適用できるように，自分にとって既に「消化済み」，「理解済み」な様々なテーマのうち，どれに該当する論法の論文なのか，論文の主たる用語や定理を素早く「**検索**」することによって論文を効率よく「消化」しようとするのです．

（中略）すると，「次のステップは何か？」という問い掛けに戻りますが，このような状況ですと，山下氏のように

元々は素人でも「**一から丁寧に勉強する**」ことによって理論に関する**深い理解**に到達する研究者を，（場合によって相当長い年月を掛けて）少しずつ育成し増やしくいく，つまり**理論の普及**を促進するための努力を，**長期**にわたり継続していく

といったような方針しか思い浮かびません．一方，「一から丁寧に勉強する」ことに対して，特に海外の研究者を中心に，相当強烈な否定的な見解や拒絶反応が発生しているようです．（引用以上）

引用が長くなってしまいました．私は，引用部分を含むこのペーパー

を，深い関心をもって読みました（なお，対象となっている数学の理論に関しては，私は全くの素人です）．内容は，現在の数学界の専門家のあり方についてモノ申しています．要するに「もっと勉強しろ！」と言わんばかりの，まさに「数学界への挑戦状」ともいうべきスタンスのものです．

私自身も，望月教授とはスケールが違えど，高校や塾・予備校の指導者を観察して「この人たちは，教えることのプロなのに，どうしてこんなに勉強をしないまま教壇に立てるのだろうか」と感じることが，しばしばあります．私自身は，大型書店や図書館で数学書の棚の前に立っていると，「自分の人生の残り時間（30年程度？）では，これら人類の叡智を理解するには，まったくもって時間が足りない」という事実に呆然とするばかりです．

数学の世界では過去にも，提唱した理論が時代の先を進みすぎていて，提唱者の生存中に認められることがなかったといった例もありました．自分が生きる同時代にも，最先端を超える〈超最先端〉の理論が出て，少数ながらもそれを追う〈知のハンター〉たちが存在することに，私も〈知恵の館〉の一員として，心を踊らせています．

補　足

［2017年12月16日朝，緊急の加筆］

本書を脱稿し，研究会のため沖縄県那覇市に滞在していたところ，最新のニュースが飛び込んできました．朝日新聞 DIGITAL によれば「長年にわたって世界中の研究者を悩ませてきた数学の超難問「ＡＢＣ予想」を証明したとする論文が，国際的な数学の専門誌に掲載される見通しになった．執筆者は，京都大数理解析研究所の望月新一教授 (48)．今世紀の数学史上，最大級の業績とされ，論文が掲載されることで，その内容の正しさが正式に認められることになる．」ということです．本書が印刷にかかる直前に，朗報が届いたことに喜びを禁じ得ません．心より，おめでとうございます．数理哲人拝

を，深い関心をもって読みました（なお，対象となっている数学の理論に関しては，私は全くの素人です）．内容は，現在の数学界の専門家のあり方についてモノ申しています．要するに「もっと勉強しろ！」と言わんばかりの，まさに「数学界への挑戦状」ともいうべきスタンスのものです．
私自身も，望月教授とはスケールが違えど，高校や塾・予備校の指導者を観察して「この人たち，教えることのプロなのに，どうしてこんなに勉強をしないのだろう？」と感じることが，しばしばあります．

数学の世界では過去にも，提唱した理論が時代の先を進みすぎていて，提唱者の生存中に認められることがなかったといった例もありました．自分が生きる同時代にも，最先端を超える〈超最先端〉の理論が出て，少数ながらもそれを追う〈知のハンター〉たちが存在することに，私も〈知恵の館〉の一員として，心を踊らせています．

法科大学院適性試験で問おうとしている能力は，一言で言うならば「言語能力」です．第1部（論理・分析力）の試験問題においては，＜正しいロジックを運用する力＞と，＜初見のものを正しく分析する力＞を問う形になります．

適性試験対策で学ぶ「ならば」のロジックが，法律学においてそのままの形で適用できるわけではありませんが，現実には法律の条文にもたくさんの「ならば」が用いられていますし，このロジックが条文解釈の基本となることは，間違いありません．法律の条文には，たとえば

「p のときは q である．
　但し，r のときはこの限りでない」……（＊）

といった形式の表現がたくさん出てきます．法律の学習では p の部分を法律要件，q の部分を法律効果と呼んだりします．p とはどのような場合を指すのか，という点につき，p の射程範囲を狭く解釈することを縮小解釈，広く解釈することを拡張解釈と呼びます．p とは似て非なる p' についても q という法律効果を与えようとする解釈を類推解釈と言います．また「p のときは q である」に対して，論理学における「裏」にあたる「$\overline{p}$（p でない）のときは $\overline{q}$（q でない）」を含んでいるかどうかは場合によるのですが，これを含んでいるとする解釈を反対解釈と呼びます．論理学では「裏は必ずしも真ならず」であったのと同じように，反対解釈が取れる場合と取れない場合があり，明確な規則性はありません．「但し，r のときはこの限りでない」の部分を但し書きと言いますが，この部分は原則に対する例

外を規定しています．私は，法律学において「あらゆる原則に，例外が伴う」ことに最初は驚き閉口しましたが，だんだん慣れてきました．なお，但し書きについては例外を定めたという解釈の他に，条件分岐を定めていると考えることも出来そうです．（*）の文は，

「p かつ $\overline{r}$ のときは q であり，p かつ r のときは $\overline{q}$ である」

と読むこともできます．とはいえ，すべての条文をプログラムのように解析することが出来るほど，法律の条文が整然としたものでないことも確かです．

いずれにせよ，「ならば」のロジックが条文解釈の基礎になります．適性試験の準備を通して，書かれていることを正しく受け止め，筋道立てて考える習慣を身につけていけば，法律の学習にもバックグラウンドで役立つことでしょう．

平成17年（2005年）5月
辰已法律研究所講師
米谷達也

辰已法律研究所において発刊した本書の旧版（第１章～第４章）に寄せた「あとがき」を復刻掲載しています．

著者紹介：

知恵の館総裁：米谷達也（よねたに たつや）

学歴：筑波大学附属駒場中学校・高等学校卒，東京大学工学部卒，大宮法科大学院大学修了（法務博士）．

職歴：数理専門塾 SEG 講師（数学科主任），代々木ゼミナール講師（衛星放送授業，模擬試験出題等を担当），司法試験予備校辰已法律研究所講師（法科大学院入試担当）等を歴任．1997 年より有限会社プリパス代表取締役．マスクマン帝国「知恵の館」総裁を務める．

覆面の貴講師：数理哲人（すうりてつじん）

学習結社・知恵の館所属の覆面の貴講師．「闘う数学，炎の講義」をモットーに，教歴 30 年余りの間，大手予備校・数理専門塾・高等学校・司法試験予備校・大学・震災被災地などの現場に立ち続ける．数学・物理・英語・小論文といった科目での著作・映像講義作品を多数もっている．

現在の執筆・言論活動は現代数学社『現代数学』およびプリパス『知恵の館文庫』にて発信している．

含意命題の探究
～「ならば」のロジックで数学する頭脳を鍛えよう～

2018 年 1 月 20 日　　初版 1 刷発行

検印省略

著　者　　米谷達也・数理哲人
発行者　　富田　淳
発行所　　株式会社　現代数学社
〒 606-8425 京都市左京区鹿ヶ谷西寺ノ前町 1
TEL 075 (751) 0727　FAX 075 (744) 0906
http://www.gensu.co.jp/

印刷・製本　　亜細亜印刷株式会社

ISBN 978-4-7687-0482-0